ゼロからわかる虚数

深川和久

角川文庫

20312

はじめに

本書のヒロインは「虚数」です。

虚数とは、高校1年のとき、2次方程式の解の公式に出てくる、$\sqrt{\ }$の中が負になったとき、「虚根」として習うものでした。つまり、新しい数iとして、2乗すると-1となる虚数単位i（$i=\sqrt{-1}$）とおくものでした。

本書の前半（第1章〜第2章）では、「虚数」の登場から認められるまで、裏切りあり、波乱万丈の歴史ドラマを認められるまで淡々と描いたものです。もちろん、負の数、自然数、小数、分数、無理数など名脇役も登場します。どうしてヒロインかというと、名前が「i（アイ）」だから？

ドラマはヒロイン「虚数」が皆に受け入れられて、ハッピーエンドで終わっています。しかし、後日談がありました。このヒロインはヒロインだけあって、関係ないものどうしを結びつける不思議な力を持っていました。

本書の後半（第3章〜第4章）では、そのような不思議な力をできるだけ難しくならな

いように、述べました。「虚数i」の持つ不思議な結びつける力とは、なんたって、

実数と虚数を結び、新しい数の複素数を産んだこと、

さらに、新しい複素関数を産んだこと、

そして、名場面、オイラーの公式が発見されるというクライマックスが続くのです。

この公式、

$$e^{ix} = \cos x + i \sin x$$

によって、指数関数と三角関数が思いがけず、結びついたのです。

この公式xにπに代入すると、

$$e^{i\pi} = -1$$

となり、式にe、i、π、-1、という、主役級の4大スターの数字が奇跡的に一緒に登場する式を得られたのです。

ちなみに15年ほど前の本屋大賞、小川洋子さんのミリオンセラー小説『博士の愛した数式』では、この数式が大活躍しました。

私ごとで恐縮ですが、大病ののち、小春日和の午後のつれづれ、こころあたりのない差出人から宅配便が届きました。ＫＡＤＯＫＡＷＡの堀由紀子さんという人からで、私がベレ出版より以前出版しておりました本の文庫化のお誘いでした。このお誘いをありがたく引き受けました。単行本から文庫へと結び付けてくれたのも、虚数なのでした。最初は、縦組みの書籍ということで不安もありましたが、彼女や校正の方の尽力を得て、無事に出版にこぎつけることができました。

最後に、「虚数i」の不思議な力が、いまこの本を手に持っている人とこの本書を結びつけるように願っています。

深川和久

ゼロからわかる虚数　目次

05 複素数の乗法と回転 ～複素数をかけること

06 複素数とはどういう数か ～複素数を超える数は存在するか

第4章 複素関数の微分・積分——実数と複素数の微分・積分のちがい 177

第1章　虚数は本当にウソの数か？

——ヒーローとしての虚数

01 虚数とはどのようなものか
～2乗してマイナスになるとなぜいけない？

虚数との出会いと別れ

「虚数」というのは、「2乗するとマイナスになる数」のことで、英語では〝imaginary number（想像上の数）〟といいます。

とくに、「2乗すると−1になる数」のことをiと書きます。つまり、

$$i = \sqrt{-1} \quad \text{あるいは、} \quad i \times i = i^2 = -1$$

"i"は、"imaginary"の頭の"i"です。

これに対して、それまで習ってきた数を「実数」といいます。

整数、0、負の数、分数、小数、無理数など、これらは全部実数で、英語では、〝real number（現実の数）〟といいます。

実数は2乗しても決してマイナスにはなりません。

虚数とはじめて出会うのは、高校1年のとき、2次方程式の解を求めるときです。

たとえば、

$$x^2-5=0$$

だと、解は

$$x=\pm\sqrt{5}$$

です。

ところが、

$$x^2+5=0$$

に対しては、それまで知っていた実数の中では解は見つかりません。

この方程式の解を作ろうとすれば、2乗すると-5になる数$\sqrt{-5}$というのをゴウインに認めて、解を$x=\pm\sqrt{-5}$とするしかありません。

一般に、$a \neq 0$のとき2次方程式

$$ax^2+bx+c=0$$

に対して、この式を変形していくと解の公式、

$$x=\frac{-b\pm\sqrt{b^2-4ac}}{2a}$$

を導くことができます。

この公式の$\sqrt{\ }$の中は、a、b、cの値しだいではマイナスになることもあります。この

とき、解は実数ではなくなってしまうのです。

そこで、$D=b^2-4ac$とすると、$D \geqq 0$だと実数解、$D<0$だと虚数解ということになります（Dを判別式といいます）。

虚数という新しい数を認めると、どんな2次方程式でも必ず解を持つことになるのです。

虚数との出会いの可能性は…

さて、高校に入学したばかりの希望と不安の入り混じったその時期に、「2乗するとマイナスになる数」という虚数と出会います。

それまで慣れ親しんでいた実数とは相容《あいい》れないケッタイな数がいきなり出現するわけですから、虚数は、それからの高校生活にとって（というのが大袈裟《おおげさ》ならば、少なくともそれ以降の数学に対して）大きな影響を及ぼすはずです。なにしろ、どんな数でも2乗すると（0か）正になるというのは、ほとんど常識であると思っていたハズなのに、そうでないのです。

しかも、虚数には大きさがない！

だから、虚数を数直線の上に並べることはできないのです。

「たかが」2次方程式の解がいつでもあるようにするためだけに、こんなわけのわからない数を認めなければいけないのだろうか？

だとすれば、虚数とは一体何者なのだろうか？

多くの人は、虚数というものの正体を知りたいと思い、いろいろと次のような考えをめぐらせるはずです。たとえば……

「虚数は常識を破る！」

「実数しか知らない私に、それは突然入り込んできたのです！」

「2乗するとマイナスになるというのもずいぶんなものです。そんなの聞いたことがありません。これまでそんなはずがないと信じていたことが、『ありうるかも』といわれたのです」

「本当にビックリ！」

「でもそれだけではなかった」

「何しろ、大きさがないのです！

$\sqrt{2}$だってずいぶんと変な数だけど、でもだいたいの大きさはわかります。$\sqrt{2}$＝1．414…だから、1.4と1.5の間に並べることができます。$\sqrt{2}$は小数で表すことができるので、だいたいの居場所はわかるのです！

ところが、虚数というのは、小数で表すこともできないので、他の数と大きさを比べることもできないし、数直線のどこにいるのかもさっぱりわからない。

突然現れたりでまさに神出鬼没。得体がしれません！」

でも、こんな虚数だからこそ何かを変えてくれるかもしれない…

虚数との突然の別れ…

ところが、多くの高校生は、虚数についていろいろと考えをめぐらせるいとまもなく、虚数からたいした影響を受けることもなく、やがて虚数から離れてしまいます。

つまり、虚数は、２次方程式の解を考える中で大きな可能性を秘めて華々しく登場しますが、多くの人は、高校１年のときにちょっと虚数に触れただけで、虚数と別れてしまいます。

けれども、いっぷう変わっていると思われるものが、ただの変わり者にすぎないのか、それとも実はその背後に尋常を超えたもっと大きなものを秘めているのかは、ちょっと見ただけではなかなかわかるものではありません。

虚数が、２次方程式の解の記述に便利な数として形式的に考えられただけのものではなくて、もっと深いところに根を持つ多くの可能性を隠したものなのだということに気づくためには、虚数についてもう少し知る必要があるのです。

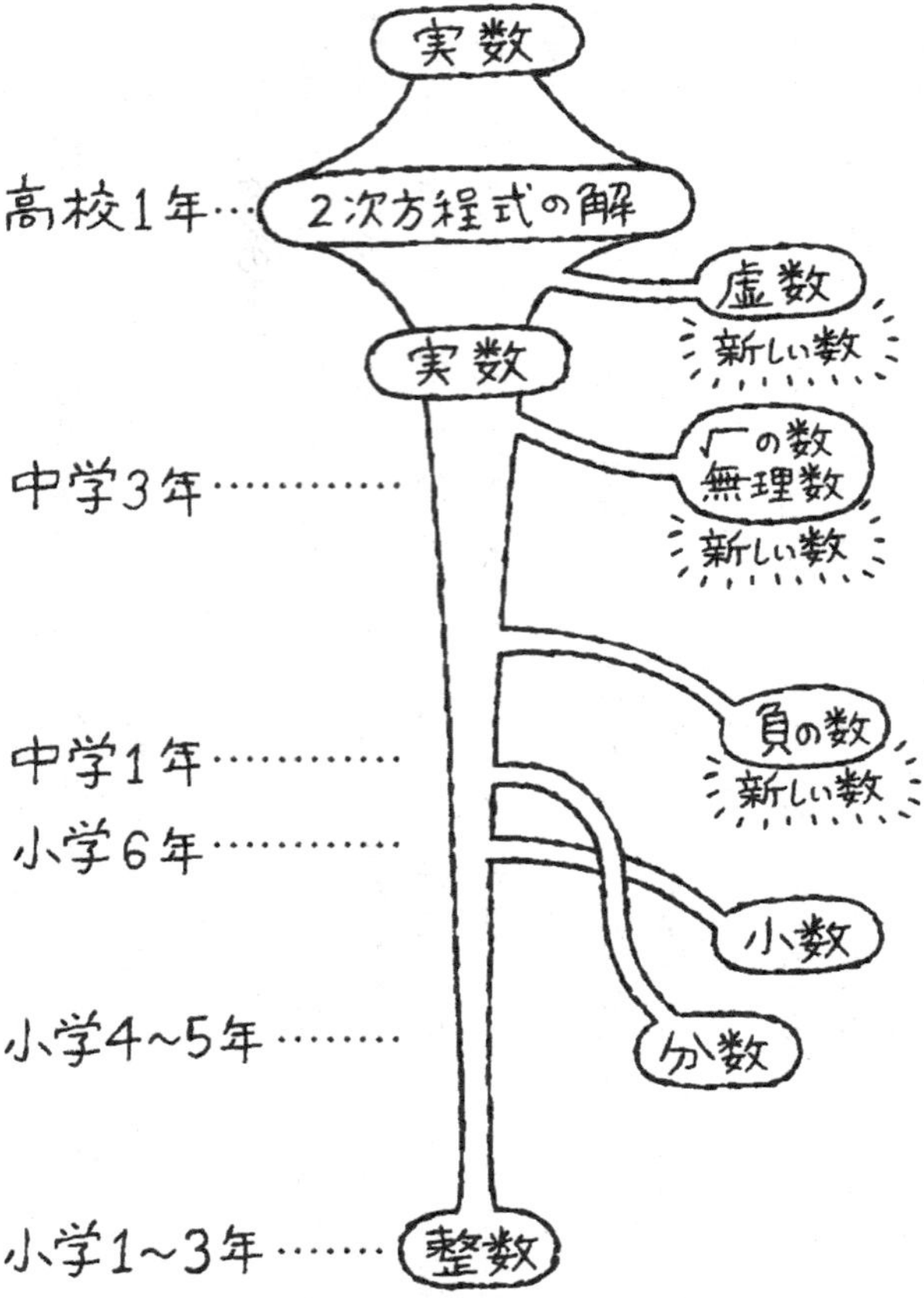

図1-1　いろいろな数をどういう順番で学習するか

虚数をもっと知るためには…

　では、虚数のすごさを体感するためには、虚数についてさらにどのようなことを知らなければならないのでしょうか？

　虚数の正体を見極めるためならば、もっと高度な数学の内容を理解する必要がきっとあるのでしょう。どういうわけか、その後あまり活躍することもなく舞台から去り、そのあとで学ぶ関数もベクトルも確率も図形も、もっぱら実数だけが対象となるのです。けれども、虚数のすごさを体感するためだけならば、それほど高度なことを正確に知るには及びません。

　虚数がその正体を見せるのは「複素関数」という分野です。

　そこで、本書でもこの「複素関数」という難しそうな分野に触れてみることは避けられません。しかし、たとえ演奏ができなくてもバッハの音楽のすごさを体感することはできます。わたしたちも、「複素関数」のいいところだけに易《やさ》しく触れて、虚数のしっぽだけでもつかんで（踏んで？）みましょう。

　ともあれ、本書を読めば、2乗するとマイナスになる数としてちょっと「想像」しただけのはずの虚数は、実はとんでもないものであった！　という体験ができる、ということだけは十分に期待できます。

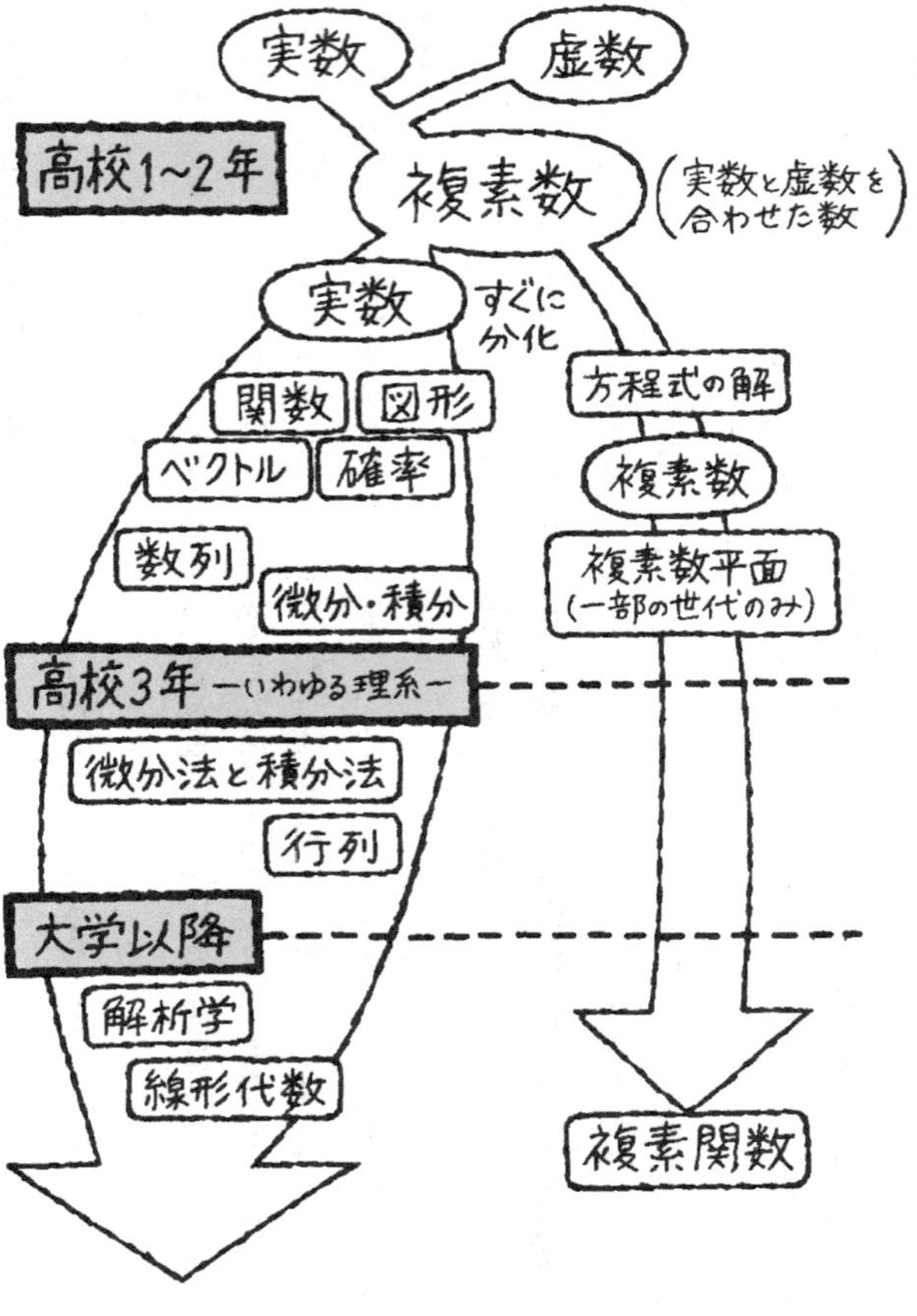

図1-2　高校1年以後の学習の様子

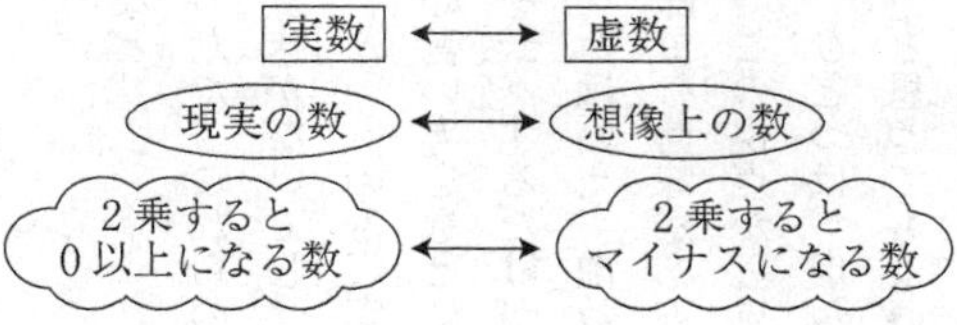

図1-3

虚数は本当にありえない数か？

これから虚数について少しずつ見ていきますが、その前に、どうにも気になる話題をひとつ取り上げておかなければなりません。

それは、「2乗するとマイナスになる数」というのは、本当にありえない数なのかどうかということです。

繰り返しになりますが、虚数とは「2乗するとマイナスになる数」のことで、英語でいうと〝imaginary number（想像上の数）〟です。

一方、虚数に対する数である「実数」は、英語では〝real number（現実の数）〟です。そして、実数は「2乗すると0以上になる数」のことだといえます。

したがって、上の図1－3で記したような関係が成り立ちます。

この関係から、次のようないろいろなことがいえます。

たとえば、

・現実の数の場合、「2乗するとどんな数でも0以上になる」はずだ。
・2乗するとマイナスになる数なんて非現実的である。

など。

ただ、これらのことが「果たして正しいのかどうか」という問題の立て方には、あまり意味がないでしょう。

というのも、実数＝現実の数、虚数＝想像上の数という意味づけは、今のところ英語での言い方をもとにしているにすぎないのであり、この意味づけをそのままにしてその可否を云々《うんぬん》するだけがすべてではないからです。

とはいえ、虚数を「想像上の数か、現実の数か」という視点から捉《とら》えることには別の意味での興味があります。

この視点から見て、次のような2つの疑問が出てきます。

ひとつは、虚数と対にされる実数を、そもそも実際に現実に当たり前に存在している数だと思ってもよいかどうか？　という疑問。

もうひとつは、虚数そのものをそんなにありえない数だと本当に思うだろうか？　という疑問です。

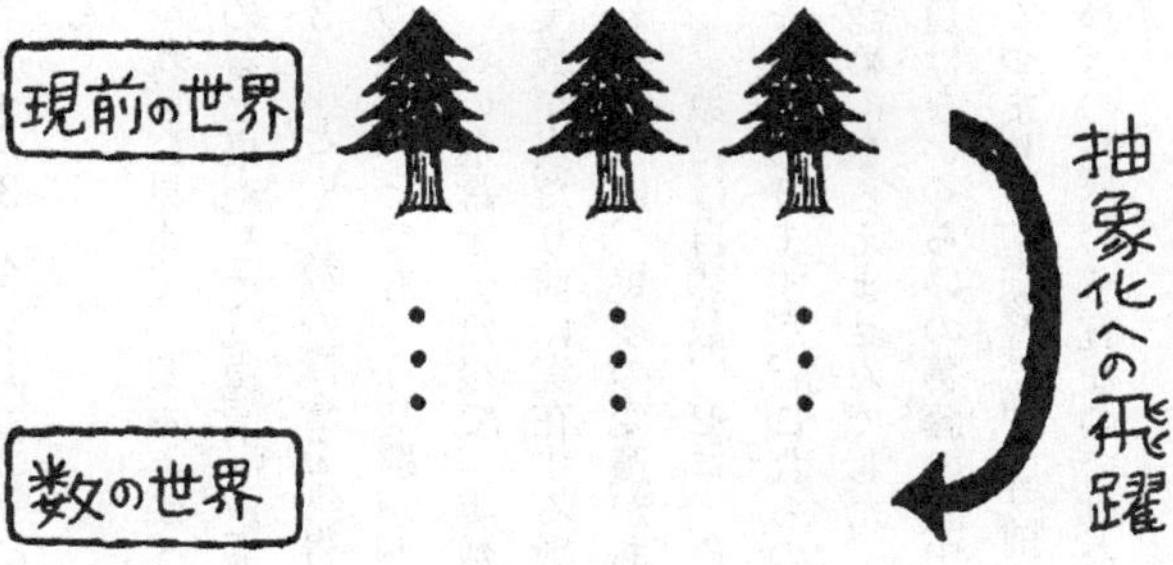

図1-4

実在と想像

まず、最初の疑問。

実数とは、当たり前に現実に存在している数なのかどうか？

このことを真剣に考えようとすれば、そもそも現実だとか、想像だとか、実在だとかいうのはどういうことなのか、というところから問い直さなければならないのでしょうが、そういう難しいことはここではパスします。

けれども、たとえ正確なことはいえないにしても、少なくとも、「そうと断言はできないよ」とはいえると思います。

つまり、数というものは、それほど当たり前のごとくに現実に存在しているものだと素直には断定できないものなのです。

たとえば、いちばん確からしいと思われる「整数

(1、2、3、4、…など)」にしても、人が生まれつき身に付けている見方だとはいえません。

現前に見えている木々が1本、2本、3本、…といった段階と（ただし、これも突き詰めると果たして「現前」にあるものかどうかははなはだ疑わしいのですが…）、1、2、3、…という数の概念を獲得する段階との間には、人間の根源に触れるような「抽象化への飛躍」とでもいう契機があるはずです。

この飛躍を経た後で、実数は現存すると考えてよいでしょう。すぐ後で少し触れますが、実数が当たり前に実在する数である段階に達したと認めてよいでしょうか。受け入れられるまでには、幾多の変遷がありました。

実数には自然数、ゼロ、負の数、分数、小数、有理数、無理数などと呼ばれるいろいろな数がありますが、これらのほとんどは、虚数と同じように、最初はなかなかその存在を認めてもらえませんでした。なかでも、負の数が受け入れられるまでには、虚数の場合に負けないくらいの葛藤《かっとう》の歴史があったのです。

つまり、「実数は当たり前に存在する数である」という考え、ないしは感情は、生まれつきの当然の感覚なのではなくて、歴史的に作られてきたものなのです。

実在―想像の二元論を超えて

そういう意味では、「実在―想像」という安易な二元論は避けなければなりません。というのも、この「二元論」の中にいて、「実在とは何か」といったテーマで不毛の議論に時間を浪費するのは、実数にとっても虚数にとっても不幸だからです。

まず、実数に対して、「実在する数」という意味づけをしてしまうと、実数の内実が見えなくなってしまいます。

一方、虚数を「想像上の数」といってしまうと、虚数に、「本当の数＝実数」に対する、「偽の数＝虚数」といったレッテル付けがなされてしまい、虚数のすごさを自ら隠してしまいます。

というわけで、「実在―想像」といった、深刻な割にはあまりいい結果を生まないものには深入りしないのがよさそうです。

この「実在―想像」という対比とよく似たものに、「意味がわかるか―意味がわからないか」という対比があります。

つまり、この対比にもとづいて、たとえば、実数というのは、大きさを持ち数直線上に並べることのできる「意味のある数」であるのに対して、虚数は、大きさもなく数直線上に並べることもできない「意味のよくわからない数」である、というようにいうこともできます。

この対比は、根本的には「実在—想像」という二元論と同じ問題点を持ってはいるものの、少なくとも、「実数」と「虚数」というものを受け入れやすくさせるという利点は持っています。

後ほど見るように、「複素数平面（ガウス平面）」というのが考案されて、実数を数直線上で表すことができるのと同じように、虚数（複素数）を複素数平面上で表すことができるようになりました。そのおかげで、少なくとも、「虚数をイメージする」ということができるようになり、虚数＝「想像上の数」という見方から解放され、「虚数は意味を持つ」ようになったのです。

ヒーローとしての虚数の体感

ところで、「実在—想像」という二元論を乗り越えるひとつの方法として、「実在するか否か」といった問題意識からはそもそもフリーの立場に立ち、「数学とはひとつの約束ごとであり、論理的に矛盾しない約束ごとの体系を作ることができればそれでよし」というやり方があります。

この立場では、たとえば、整数について取り組む場合、「整数とは何か」ということを考える代わりに、この「何か」の問いそのものからは距離をおき、整数の性質に合致する体系を論理的に組み立てることが課題になるのです。

もちろん、この立場に立つ人が、「数とは何か」といった問いにまったく興味がない、とはいいきれません。

数学的にこの立場の人が、「自然数は神の意思の現れである完全な世界だ」といった信奉を持っていても、まったく問題はありません。

あくまでも、そのような問いからはフリーな立場で数学の体系を組み立てている、というだけのことなのです。

いずれにしても、わたし（たち）が望んでいるのは、虚数についてもっと多くのことを知ることによって、願わくは、本書を通して、虚数とはほんまにスゴイやつやという瞬間を味わうことなのです。

虚数の中にヒーローを見たいのです。かといって、虚数とはこういうものだといった意味づけをするのではなくて、虚数の持てる力を少しずつ明らかにしていくことの中から、こんなにスゴイ虚数って一体何なのだろう！　とふと思うような瞬間を体験したいのです。

うつろな数の可能性

繰り返しになりますが、「虚数」を英語でいうと〝imaginary number（想像上の数）〟です。

こういってしまうと、なんだかドライな響きがします。

さらに、実数を英語で〝real number〟ということと合わせると、ますます意味が確定してしまいそうです。

けれども、幸いにも、日本語では「虚数」といいます。

「想像数」とは訳さずに、「虚数」ということばを割り当てた人の感性を深く思います。

なにしろ、虚数《うつろなすう》、スパッと明快な数ではなく、影やウラがあるにちがいない数、秘めたパワーを持っているかもしれない数など、ものごとを意味深長に捉えたがる性向のある私のような者にとって、「虚数」ということばの持つ負のエネルギーはどこか惹《ひ》きつけてやまないところがあります。

実際、その経緯には後ほど少し触れますが、虚数は、名が示すとおり、何世紀にもわたって、あるいは考えられることさえなく、あるいは意識的に無視されていました。

ようやく18世紀にレオンハルト・オイラー（１７０７〜１７８３）が虚数iを積極的に取り上げ、負のエネルギーが爆発するように複素関数の秘密を一挙に開花させました。

ついで19世紀初頭にカール・フリードリッヒ・ガウス（１７７７～１８５５）が「ガウス平面（複素数平面）」というものを使って、虚数のヴィジュアル化を成し遂げて以来、虚数は表舞台へと駆け上がったのです。

数への信奉

ところで、虚数の中に今日のヒーローを見たいわたしたちの気持ちというものは、なにか特殊なあるいはヘンなことなのでしょうか。

でも、人はなぜか数に対して特別な感情を持つ傾向にあるようで、客観的に見ればとても理解できないようなことが、数に関して往々にして起こるものです。

そこで、「数の実在性に対する見方」とでもいった点から、「数に対する姿勢」について、簡単に整理しておきましょう。

「数の実在性」などといえば難しいですが、ちがう表現を使えば、「数自体への思い入れ」とでもいったようなことです。

この「数の実在性」への思い入れが強い例として、「聖なる数」信仰とでもいうべきものがあります。

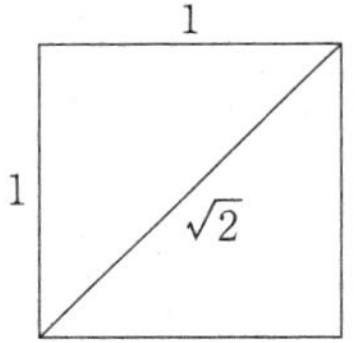

図1-5

正統な（？）数学の歴史の中では、たとえば6のような、「それ自身を除くすべての約数の和がその数と同じになる」数を「完全数」と呼んだりする場合がこの例にあたります。

約数の和と一致しても、「それがどうした」といわれるとそれまでだとも思われるのに、偶然なのかどうなのかなどと考えることもなく、ほかに「完全数」はないかと膨大な計算を続けている人もいます。

他にも、この「完全数」を発展させて、「友愛数」だとか「社交数」だとかいったものまであるのです。

あるいは、整数とか分数しか認めなかったピタゴラス（B.C.582頃～B.C.496頃）が、自らの定理（ピタゴラスの定理）によると正方形の対角線の長さが$\sqrt{2}$になってしまうことをひそかに発見して愕然《がくぜん》とし、そのことを極秘事項として明かさなかったと伝えられています。

これも、今の感覚からすれば、どうしてそこまでおびえるの？　といいたいような気持ちになります。

もう少し卑近な例では、4や9を忌数と呼んだり7を吉数と考えたり、八の漢字の形のようすから末広がりと漢字の感じまで持ち出したりするのもこの例かもしれません。偶数より奇数のほうが吉であるといった理由で、今日でも、結婚式のご祝儀が2万円ではなくて3万円になってしまいます（1万円返して！）。

いずれにしても、これらは一見いわれのない信念のようにも思われますが、どこかで通底しているものがあるのかもしれません。

数の中に美しさや奥深さを見る瞬間が至福のときと、多くの人は考えているようです。

次節でも、数についてもう少しこだわってみましょう。

02 実数の側の状況はどうか
～実数はどれくらい「まっとうな」数か？

実数にはどういうものがあるか

「けったいな」数の本家である虚数に対して、元祖「まっとうな」数であるはずの実数も、その内実はどうもあやしいらしい、ということを少し述べました。

では、実数はどれくらいあやしいのか。

繰り返しになることを覚悟して、実数の実情についてもう少し詳しく見てみましょう。

まず、実数にはどのようなものがあるかをまとめると、次の図1－6のようになります。

自然数とは、1、2、3、…というういちばん基本になる数のことです。

自然数に、ゼロ（0）と、負の整数（−1、−2、−3、…）を加えたものが整数です。したがって、自然数は整数に含まれます。

整数は分母が1の分数と考えることができるので、整数は分数に含まれます。

ところで、数の中には、整数／整数の形で表すことのできないものがあることがわかっ

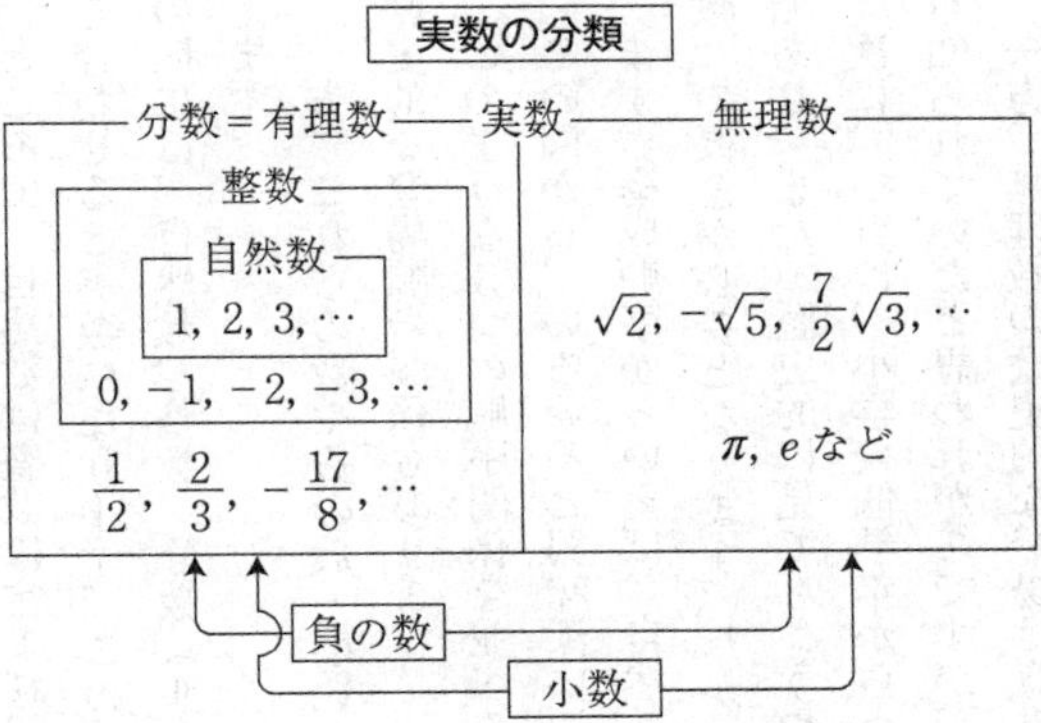

図1-6

てきました。このような数を無理数といい、これに対するもとの数を有理数といいます。

つまり、

　有理数は整数/整数の形で表すことのできる数（＝分数）

　無理数は整数/整数の形で表すことのできない数

実数には以上のような種類しかありません。

これに対して、後ほど述べるように、実数を別の角度から見たものに、「正の数と負の数」「小数」があります。

学習する順序と歴史への登場順のちがい

ところで、自然数は整数に含まれ、整数は分数（＝有理数）に含まれ、有理数と無理数を合わせると実数になります。このことから、自然数、整数、分数（＝有理数）、無理数の間には、自然数、整数、分数（＝有理数）、無理数の構成順序があると考えてよいといえます。

一方、これらの数や負の数・小数の間には、次ページでふれるような学習する順番と、歴史的な登場順の関係もあります。

このような3つの順序関係を並べると、次の図1－7のようになります。

この図から、いろいろと興味深いことがわかります。

まず、構成順序からいえば、自然数の次に整数がくるはずですが、そのためには「負の数」の概念が必要となります。しかし、「負の数」は、学習順序としてはずっと後のほうであり、また、歴史的に見てもようやく16世紀に登場したものです。

次に、小数は、小学校低学年から小学5年にかけて学習し、歴史的に見てもずっと昔から知られていたと思われがちですが、小数が登場したのはやはり16世紀ごろのことです。

一方、無理数の歴史的な登場は意外に早く、ギリシャ時代にはその一部がもう知られていたことがわかっています。

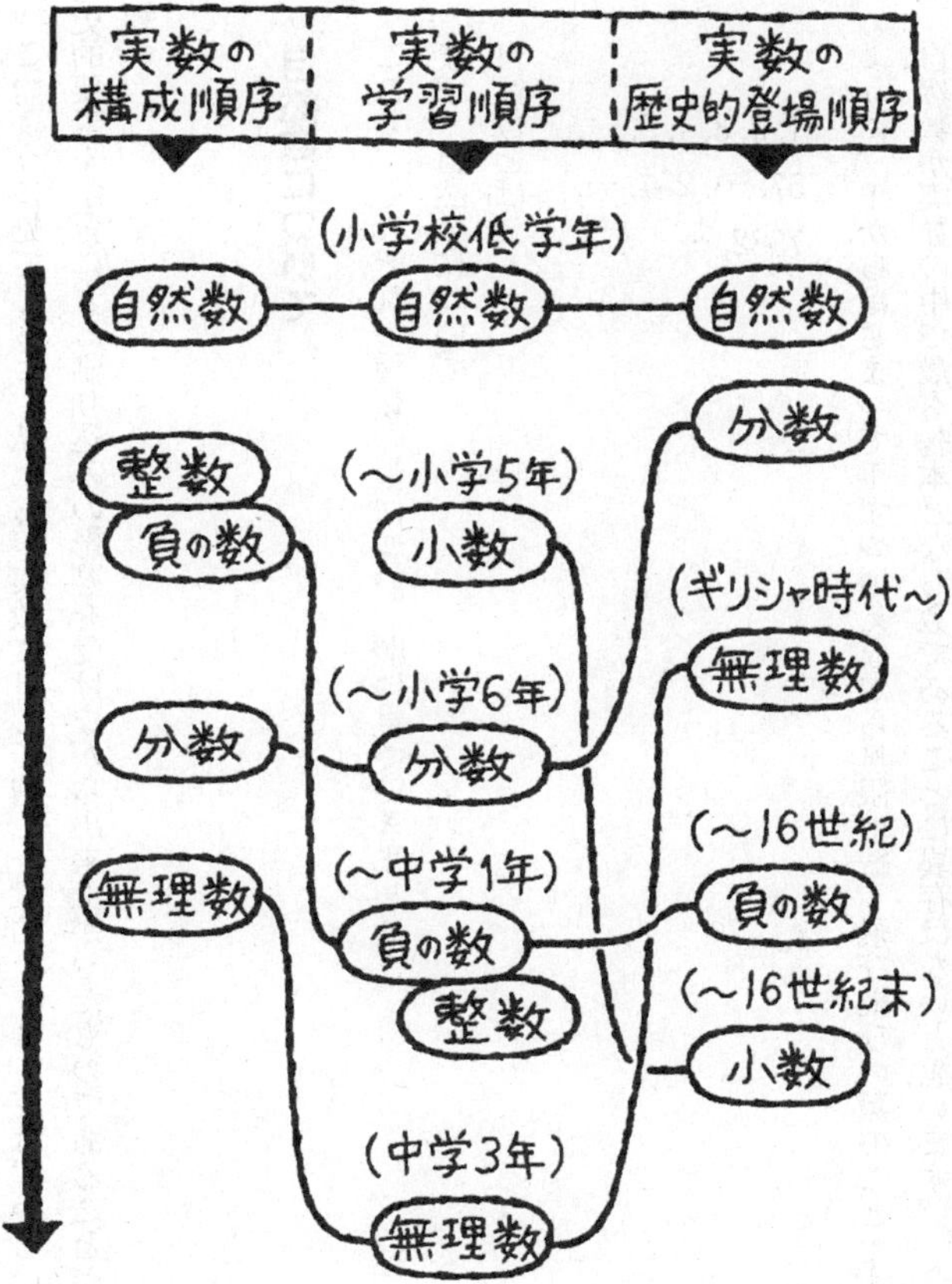
実数の構成順序
実数の学習順序
実数の歴史的登場順序
(小学校低学年)
自然数
自然数
自然数
分数
整数
(～小学5年)
負の数
小数
(ギリシャ時代～)
無理数
(～小学6年)
分数
分数
(～16世紀)
無理数
(～中学1年)
負の数
負の数
(～16世紀末)
整数
小数
(中学3年)
無理数

図1-7

このように見てくると、私たちが実数に対して抱く一般的なイメージは、いろいろな歴史的要素や学習による刷り込みの影響を受けながら出来上がったものであることがわかります。

自然数について

ここで、それぞれの種類の数について順に見ていきましょう。
まず、自然数について。
自然数とは、

$$1, 2, 3, 4, 5, \cdots, 57, \cdots, 254, \cdots, 7582, \cdots$$

のように、1からはじまって1ずつ増えながら無限に続く飛び飛びの数のことです。
自然数が実数の中で最も基本となる数であることに異存はないと思います。

けれども、たとえいちばん基本となる数だといっても、完全にわかりきっている数かというとそうでもありません

ちょっと考えるだけでも、次の①〜③のような問題が思い浮かびます。

どれも大きな問題で、完全に解明することは本書の範囲を大きく超えていますが、解決の端緒だけでも探ってみましょう。

問題①　そもそも「数」とは何か？

人はいかにして数の概念を獲得するか？

> 目の前に樅《もみ》の木が1本、2本、…立っているのと数の1、2、…はなぜ対応するのか、目の前に物がなくても数を1、2、…と想念できるのはなぜか、どうして数の足し算や掛け算ができるのか、などなど。

問題②　自然数とはどういう性質を持っているのか？

> 1からはじまって1ずつ増えるというのはどういうことなのか、そもそも1とは何なのか、無限に続くとはどういうことか、「飛び飛びの数」とは何なのか、などなど。

問題③　私たちが理解している自然数のイメージはどこでも通用するようなものなのか？

いわゆる10進法というのはどういうしくみなのか、10進法のような数の表し方がないと数を考えることはできないのか、無限に続かないような数はあるのかどうか、などなど。

人はいかにして数の概念を得るか

数の教育は小学校に入学するとすぐに始まります。

小学1年や2年の算数の教科書を見ると、初期段階では、何頭かのライオンなどの具体的なものの絵があり、その頭数に対応する数が書かれています。

次の段階では、ライオンやイヌがそれぞれ別々の姿勢をしたものになり、それにもかかわらず数を固定するような問題へとレベルアップします。

さらには、ちがう種類の動物どうしの足し算といった段階へと進みます。

こうして、一見すると、具体的なものからより抽象的な数の概念へと徐々に移るように工夫されていると思ってしまいます。

でも、どうしてこれぐらいの工夫で人は数についての概念をつかむことができるのか、私は以下のような疑問を抱き、いつも不思議でなりません。

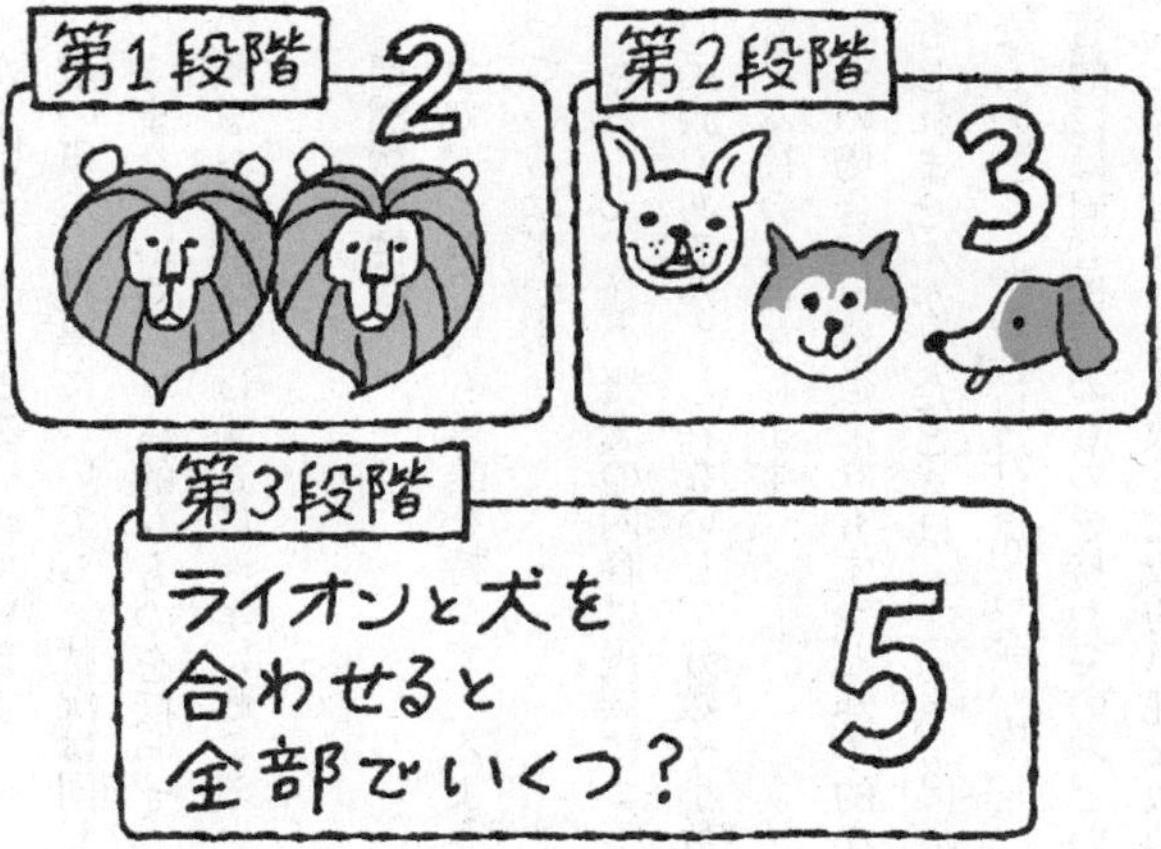

図1-8

もしも具体的なものから離れた「数という概念」をどうしても理解できない児童がいたら、その児童に対してそれ以上の指導のすべはないと思います。でも、おそらくはそのような事態にはならず、ほとんどの児童が数の概念を会得するはずです。

これはもう、人間の持っている抽象化への能力のすごさとしかいいようがなく、24ページで述べたような「抽象化への飛躍」の能力を、ほとんどの人は生まれながらに持っているのです。

私が一時期勉強していたフランスの構造主義者であるクロード・レヴィ＝ストロース（1908～2009）は、「言語の誕生は一挙にしかありえなかった…」ということをいっています。

数の概念の獲得についても、状況は同じであると思います。

つまり、いくら具体的なものを探ってもそこから数の概念は生まれることはなく、「数の概念への飛躍」はまさに一挙に起こるとしかいいようがないのではないでしょうか。

自然数の性質

さて、どの民族も言語を持っているように、どの民族も数についての何らかの概念を持っているはずです。

もちろん、数の概念の内容は民族によって異なり、ごく単純な数の体系しか持っていない民族もあるかもしれないし、分数や小数や無理数といった高度な（？）数の概念を持っている社会も存在します。

その場合、自然数よりもずっと基本的な数の体系しか持っていないような民族があるかもしれませんが、たとえば「1、2、3、4のみの数の概念しかなく、『4よりもっと大きなもの』」とかの数以外は知らない場合、多くの民族は、自然数と呼ばれる数の体系と本質的には同じ性質のものを持っているといっても大過はないと思われます。

というのも、自然数は比較的単純な数の体系であり、自然数よりも単純な数の体系となると相当内容が貧弱なものになるからです。

ということを認めた上で、では、自然数の性質とはズバリ！　何でしょうか？　自然数とは、37ページの問題②〜③で一応述べたように、1からはじまって1ずつ増えながら無限に続く飛び飛びの数のことです。

でもそういったところで、では、はじめの1とは何なのか、1ずつ増えるとはどういうことなのか、などなど、疑問はちっともなくなりません。

これではイカンということで、イタリアのペアノという人（1858〜1932）が、自然数の性質を明確にしようとして、「ペアノの公理」という広く認められている有名な定義をしました。

ペアノの公理というのは、ある5つの条件を満たすものを「自然数」、「後者」、「1」という言葉を用いて組み立てたもので、その5つの条件や、とくに「後者」という話は少し難しい内容も含むので本書では省略します。

要点は、自然数とは、「始まりの数1があり、どんな自然数にもその『後者』と呼ばれる数があり、異なる自然数には異なる『後者』がある」というものです。

そして、これらの公理をもとにして、自然数の足し算、掛け算、大小関係などのいろいろな性質を導くことができます。そうすると、「1ずつ増える」という場合の〝1〟はもはや問題ではなく、「どの数にもその後者の数がある」というところがポイントとなるのです。

位取りと10進法

このように、自然数では、「その次」の数を繰り返し考えていくと、いくつでも大きい数を考えることができます。

けれども、もしも考えた数を表す方法がないとすると、本当にそのような大きい数を考えたことになるのでしょうか?

つまり、頭のどこかで考えはできているのだけれどそれを表すことができないだけなのか、それとも、表現しえぬものは考えられないものなのか、どちらが真実なのかはよくわかりません。どちらにしても、数の表し方も大切です。

そこで、いろいろな数の表し方について考えてみましょう。

たとえば、ある民族では、1から5までの数を表す記号しかなく、他には、6以上の数をまとめて表す「もっと大きい数」という意味の記号しかないとします。

でも、この民族は5より大きい数を区別できないとは限りません。7人で狩りに出て1人がいなくなると、いなくなったことはわかります。7人を表すのに「5人と2人」といえばいいだけです。

このような数の表し方は、たとえば、1～9の9つの数字と十、百、千、万の4つの漢字だけでいろいろな数を表すことができる場合と、原理的には同じです。

つまり、5までの数で表す場合は、5つずつを順次まとめていきます。13を表すときは、5のまとまりが2つと残りが3ということになります。

1～9の9つの数字と十、百、千、万の4つの漢字で表す場合は、10をまとめて十、さらに十を10まとめて百、…として、5百2十8のように表します。これは、10の束《たば》を10まとめた百の束が5つ、10の束の十が2つと、残りの8というような意味です。

このように、

5つずつを順次まとめる方法を5進法

10ずつを順次まとめる方法を10進法

といいます。もちろん、2進法だとか12進法など、いろいろと考えられます。

そして、1～9の9つの数字と十、百、千、万の4つの漢字だけで数を表す10進法の2番目の方法は、まとめた束に名前をつけて、さらに数を表しやすくしたものです。

ところが、束に名前をつける方法では、さらに大きな数を表すために、名前をつけた束をいくつも用意しなければならない上、名前をつけた束ではカバーできないほど大きな数を表すことはできません。

このような欠点を乗り越え、原理的にどんな大きな数でも表すことのできる束に名前をつける必要がない方法が、位取り法です。

これは、束に名前をつける代わりに、数字を書く場所（位）によって、束の区別をしようとする記数法です。

ただし、この位取りによる記数法が成り立つためには、重大な発見が必要でした。

それは、ゼロ（0）の発見です。

数学史の記念碑的名著として知られるカジョリの『初等数学史』には次のように書かれています。

「10進法の十分な進歩発展は、比較的近世のことに属する。10進法の記号が用いられてから数千年後に、位の原理の適用によって、はじめてそれは簡単になり、その使用は興盛になった。それはインドにおいて紀元5、6世紀ごろに、はじめてゼロの用法と位の原理との完全で系統的な発展を遂げた」

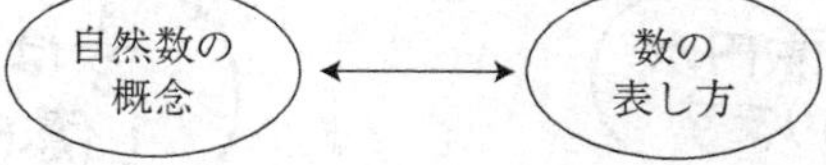

図1-9

2千8十3

たとえば、束に名前がついていれば、2千8十3という数は、千の束が2つ、十の束が8つ、残りが3であり、百の束がないことがわかります。

2083

ところが、位によって束を区別しようとする場合、ある位の束が欠けていることを表す記号がないと、位取りの記数法の仕組みが成り立たないのです。この同じ2千8十3という数を表すのに、2083というようにして、右から3つめの位の束がないことを0という記号で示してはじめてうまく表記できるのであり、欠けている位をつめて、283と書くと、まったくちがう数を表すことになってしまいます。

いずれにしても、自然数という概念と、数の表し方の両方がうまく作用して、数という抽象的なものを考えたり表したりすることができるよ

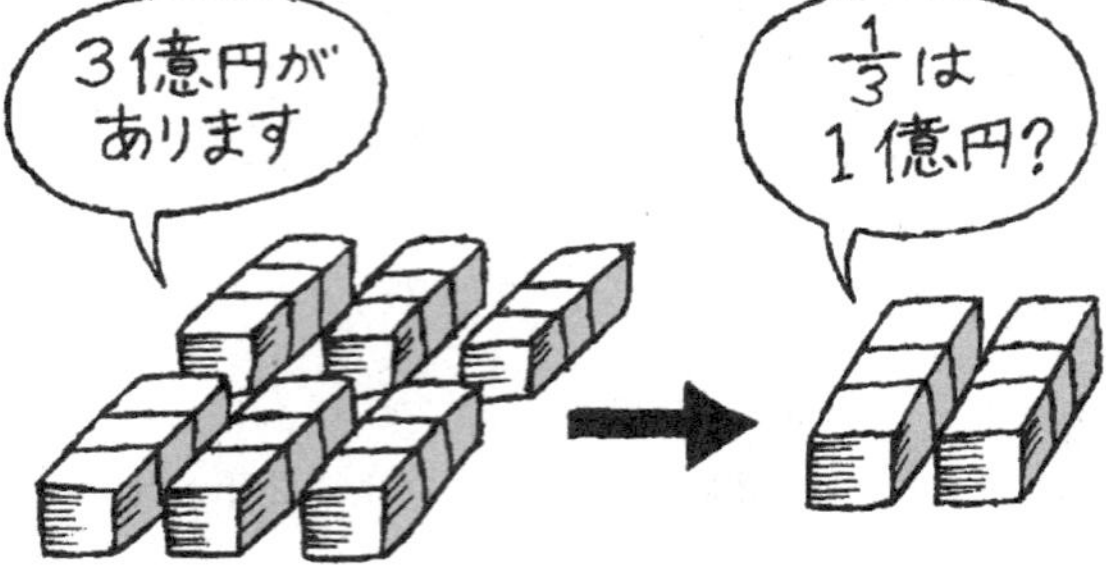

図1-10

うになるのです。

分数について

さて、自然数についての数の概念は獲得したとします。

つまり、ライオン2頭とイヌ3匹といった具体的に目の前にあるものの数のレベルではなくて、「2」や「3」といった数そのもののレベルで扱うことができるようになり、その結果、「ライオン2頭とイヌ3匹を足す」といったある意味ナンセンスな異質なものどうしの足し算を超えて、「2＋3」という純粋な数のレベルでの足し算などの操作ができるようになったとします。

すると、次に問題となるのは、「分数」です。

分数もまた、自然数と同じように「抽象化への飛躍」をへた数の概念ですが、自然数とはちがった側面を持っています。

すなわち、「そもそも分数とは数なのか」と疑わせるようなところがあるのです。

たとえば、$\frac{1}{3}$mといえば、これは1mの長さを3等分した1つ分の長さで、明らかに0.333…という大きさを持った数です。

しかし、たとえば、遺産3億円の$\frac{1}{3}$といえば、これはもちろん3億円を3等分した1つ分で1億円のことですが、これを$\frac{3\text{億円}}{3}$と表すこともできそうです。すると、これは「3億円のうちの1億円」というような意味で、簡単にいってしまえば、この場合は$\frac{1}{3}$＝1億円といった意味にも取れてしまいます。

つまり、分数とは、純粋な数としての性質のほかに、もとにする量とのペアで何かを表すのもの、具体的なものからぬけきっていないような側面を持っています。

分数の歴史

分数をはじめて習うのは、小学校3年生の後半で、

分数の意味　↓　約分や通分

↓　足し算と引き算　↓かけ算と割り算

の順に少しずつ進み、最後の分数のかけ算と割り算が終わるのは小学校6年生になってからです。

この分数の学習のようすは、小数の場合とよく似ています。小数もやはり小学校3年生の後半に習い始め、小数のかけ算と割り算が終わるのは小学校5年生の後半です。学び終えるのは小数のほうが少し早いですが、それほど差があるわけではありません。

ところが、歴史的に見た場合、分数と小数の間には大きなちがいがあります。分数については、古代のバビロニアやエジプトあたりですでに盛んに使われていました。これに対し、小数が登場したのは16世紀になってからです。

紀元前2000年ごろのバビロニアやエジプトにおいて、分数はすでに使われていました。

ただし、バビロニアで使われる分数は、分母が一定（すなわち60）で、いわば「60進法的分数」というようなものでした。

これに対して、エジプトで使われていた分数は分子が一定（すなわち1）のものでした。分子が1である分数を「単位分数」といいます。

そして、エジプトにおいては、いろいろな分数的な値を単位分数の和で表すことが重要な問題でした。

たとえば、$\frac{2}{65}$を単位分数（分子が1の分数）の和で表すと図1－11より、

$$\frac{2}{65}=\frac{1}{39}+\frac{1}{195}$$

与えられた分数を単位分数の和で表すことがどうして重要な関心事であるのか、それは当時の数学者たちにとっての純粋な数学的興味にすぎないものだったのか、それとも、「全体1をいくつかに分けたものの1つが分数である」というような分数に対する比較的素朴な考え方がもとにあるのか、その辺の事情についてはよくはわかりませんが、ともあれ、この単位分数で表すという問題はかなり本格的に取り組まれていたのです。

$65=13\times 5$

$2\times 3=1+5$ の両辺をそれぞれ

$13\times 3\times 5$ で割ると

$$\frac{2}{13\times 5}=\frac{1}{13\times 15}+\frac{1}{13\times 3}$$

すなわち

$$\frac{2}{65}=\frac{1}{195}+\frac{1}{39}$$

図1-11

比と分数

このように、人類はずっと昔から分数という少し特殊な「数」を理解してきました。

「特殊」というのは、先述のように純粋な数としての側面と、もとにする量とのペアで何かを表すという側面の2つを持っているということですが、この分数の両面性についてもう少し考えてみましょう。

この分数の両面性について考えるとき、分数とよく似たものが思い浮かびます。

それは「比」です。

比は、2つの量の間の大きさの関係を表すもので、たとえば、40cmと1cmの関係は40cm：1cmということになります。

そして、A：BのBにあたるほうを「もとにする量」といいます。

A：Bとは、「AはBの何倍か」の意味を表します。

その答えを求める式は$A \div B$で、これは$\frac{A}{B}$と同じです。

実際、比A：Bに対して、$A \div B = \frac{A}{B}$のことを「比の値」といいます。そして、比の値が同じ比は、比が等しいということになります。

たとえば、

40万kmと1万kmの関係、40万km：1万km

図1-12

と、40 cmと1 cmの関係、40 cm：1 cmは同じだということになります。つまり、

40万km：1万km = 40cm：1 cm

どちらも比の値は40です。

40万kmといえばだいたい地球から月までの距離、1万kmといえばだいたい地球の直径の距離です。また、猫の体長はだいたい40 cm、猫の鼻の部分の長さはだいたい

たい1 cmです。

したがって、

40万km：1万km = 40cm：1 cm

という式は、地球から月までの距離と地球の直径の関係は、猫の体全体の長さと猫の鼻の長さの関係と同じであるというような意味を表します。

分数の性質

つまり、40 cm：1 cmという比の式単独では、2つの量の間の比較を表すだけですが、40

万km：1万km＝40cm：1cmというような「等しい比」を考えると、まったくスケールのちがう2つの場面の関係を比喩《ひゆ》的《てき》に表すことができるのです。

言い換えると、比の関係は、月までの距離といった想像しづらいものをスパッと捉えることができるようになります。比喩的に飛躍する力を持っているのです。

ところで、比について右で述べた多くのことは、分数についてもそのままあてはまります。

比が等しいのは、比の値（比$A:B$に対して、$A \div B = \frac{A}{B}$のこと）が等しい場合をいうのでした。たとえば、

2：4＝3：6＝…＝25：50＝1：2（比の値はどれも$\frac{1}{2}$）

これに対して、分数の場合、約分して等しい分数はどれも等しい分数です。たとえば、

$\frac{1}{2}=\frac{2}{4}=\frac{3}{6}=\cdots\frac{25}{50}$（約分するとどれも$\frac{1}{2}$）

実際のところ、比と分数はほとんど同じものだといってもよい側面を持っています。ただ、1つ大きなちがいは、その表記のしかたです。

比で3：5と書くと3文字分を使います。これを、3/5と書くと1つのまとまった文字のように見えてきます。さらに$\frac{3}{5}$と書くと完全にまとまりを持った1つの文字のようになります。

つまり、比と分数は単に書き方のちがいだけのように考えられるのに、一方の比は$A:B$と書くことによって、あくまでもAとBの量の関係、AがBの何倍かを表す関係といった意味を強く残します。

これに対して、分数は$\frac{A}{B}$と書くことによって、AがBの何倍かを表す関係といった意味のほかに、この「何倍か」のところだけが抽出された「数」としての性質を強く持つようになります。

すなわち、分数では、具体的なA、Bという量の関係性から、抽象的な数へとより強く飛躍するともいえるのです。

3：5という比を数だと考える人はほとんどいないでしょうが、大半の人は$\frac{3}{5}$という分数は0.6と同じ数を表すとみなします。

自然数から分数を構成する

このように見てくると、分数というのは、自然数と同じように、具体的なものから、数という概念へと飛躍したものであることがわかります。

ただし、分数には、ある大きさを表す数という概念のほかに、いろいろな意味が伴っています。

たとえば、分数$\frac{1}{3}$には、

全体1を3等分したうちの1つ分、1÷3の商、

1と3の大きさの関係、1は3の何倍か

といった意味が含まれています。

ところで、この分数という数について、次の2つの点に特に注目しなければなりません。

すなわち、

①分数は、自然数をもとにつくることができること。

これは、単に形式的に自然数─自然数という形で表されるというだけでなくて、その分数の表す内容が、自然数どうしの大きさの関係をもとにして比喩的に表されるということでもあります。

言い換えると、分数とは、自然数をもとにして構築した数なのです。

②どんな2つの数の間にも分数はあること。

自然数は明らかに飛び飛びの数で、自然数だけがすべてではなくて、隣り合う2つ

の自然数の間にはほかの数がありそうだということは誰でも考えるはずです。ところが、自然数と分数を合わせると、たとえば、異なる2つの自然数や分数 a と b の間には、

$$\frac{a+b}{2}$$

という分数が必ずあります。

つまり、どんなすき間にも他の分数が必ず入り込んできます。

このことから、次のように考えるのは自然の成り行きではないでしょうか。すなわち、どんな分数の間にも必ず別の分数があり、すべてのすき間は分数で埋められるのだから、すべての数は分数で表されるといってよいのではないか!?

こう考えてその考えを信奉し、なおかつ自らの発見の中からその否定的事実を認めざるを得なかったのが、ピタゴラスでした。

その結果、自然数でも分数でもない数、つまり「無理数」が2500年も前に見つかっていた（避けることができなかった）のです。

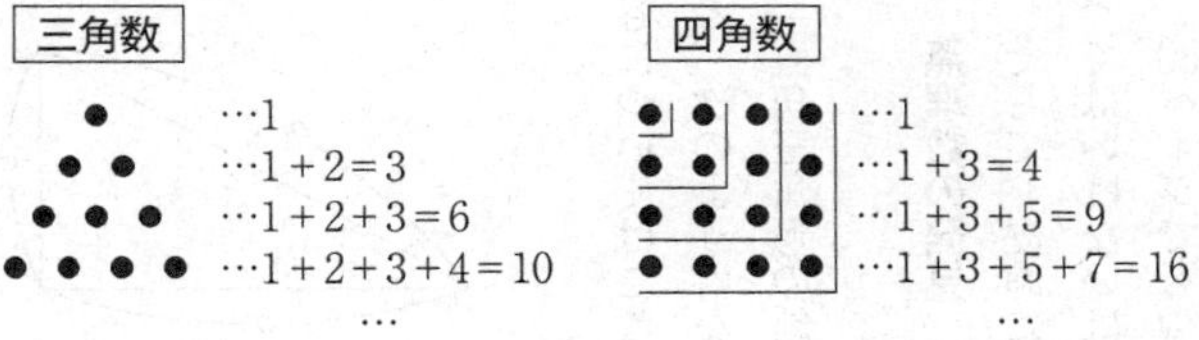

図1-13

自然数の崇拝と無理数について

ピタゴラスはエーゲ海のサモス島というところで生まれたといわれる生涯になぞの多い人ですが、その教えの内容もいささか宗教じみています。

実際、彼はエジプトの数学や神秘論に通じ、ピタゴラス学派と呼ばれる教団を組織し、「物の本源は数である」と考え、とりわけ「自然数の比例論」を重視しました。

数の概念の獲得は人間の知的能力の高さの成果でもあるので、知的構築物を好む古代ギリシャにあって、ピタゴラスが数の崇拝者であったことはある意味当然のことであったと思います。ですが、その数への偏愛の度合いは群を抜いていて、「1は理性、4は正義を表す」など、個々の自然数そのものにさまざまな象徴的な意味づけを行ったりしました。

あるいは、自然数を、三角数・四角数、完全数・不足数・過剰数などに分類して、完全数は「美徳」、不足数と過剰数は「悪徳」であるとみなしたりしました。

また、比に関しては、黄金比の研究だとか、ピタゴラス音階の発明だとかが有名です。

そして、何より有名であるのが、「ピタゴラスの定理」です。ただし、この定理はピタゴラス以前から知られていて、ピタゴラス（学派の誰か）がそれを一般化して証明を与えたといわれています。

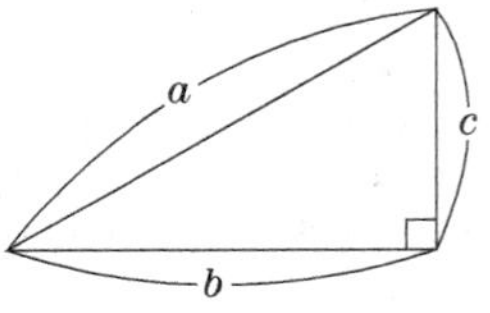

図1-14

ピタゴラスの定理は、「三平方の定理」とも呼ばれ、その内容についてはここであらためて述べなくてもよいほどよく知られていますが、あえて書くと、次のようになります。

「直角三角形の斜辺をa、残りの2辺をb、cとすると、$a^2=b^2+c^2$が成り立つ」

無理数の発見

そして、皮肉にも、ピタゴラスの定理から発見された数が、ピタゴラス学派にとってあってはいけないはずの数である「無理数」だったのです。

30ページでも少しふれたように、ピタゴラスの定理を用いると、1辺の長さが1の正方

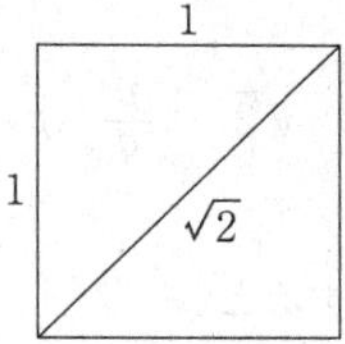

対角線の長さを a とすると、
ピタゴラスの定理より、

$$a^2=1^2+1^2=2$$

つまり、a を2乗すると2になります。
そして、2乗すると2になる数のことを $\sqrt{2}$ と表します。

図1-15

形の対角線の長さは $\sqrt{2}$ になることがわかります。

そして、この $\sqrt{2}$ が「無理数」なのです。

では、無理数とは何かというと、分数ではない数、つまり、$\frac{p}{q}$（p、q は自然数）の形で表すことのできない数のことです。

$\sqrt{2}$ が無理数であることの証明は、「背理法」という方法を用いて、次のページのように行うことができます。

では、無理数のどこに問題があるのでしょうか？

無理数の性質と意義

分数の形で表すことのできない数を「無理数」というのに応じて、分数で表すことのできる数を「有理数」といいます。

ところで、無理数ということばは、まさに「無理な数」、「理（ことわり）を持たない数」といった意味を連想させます。

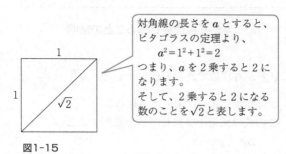

$\sqrt{2}$ が無理数であることの証明

$\sqrt{2}$ が有理数であると仮定すると、$\sqrt{2} = \frac{p}{q}$（p、q は自然数で互いに素）とおける。

この式の両辺を２乗して式を変形すると、

$2q^2 = p^2 \cdots$①

①の左辺の $2q^2$ は２の倍数だから、右辺の p^2 も２の倍数である。

よって、p は２の倍数だから、$p = 2m$ とおくことができる。

これを①に代入すると、

$2q^2 = (2m)^2$

ゆえに、$2q^2 = 4m^2$ 両辺を2で割ると

$q^2 = 2m^2 \cdots$②

こんどは、②の右辺の $2m^2$ は２の倍数だから、左辺の q^2 も２の倍数である。

よって、q は２の倍数だから、p も q も２の倍数となり、p、q がたがいに素であることに矛盾する。

したがって、$\sqrt{2}$ は無理数である。

しかし、「無理数」を英語でいうと〝irrational number〟で、〝ir〟は「否定」を表す接頭語であり、〝ratio〟は「比」を表します。

したがって、もともとの意味からすると、「無理数」というのは、「理（ことわり）のない数」というよりは、「比を持たない数」とでもいうほうがぴったりします。

同じように、「有理数」というのは、「理（ことわり）を持つ数」というよりは、「有比数」「比を持つ数」とでも呼ぶべきだと思います。

しかし、ピタゴラスにしてみれば、「無理数」は、（日本語の？）文字通り「理（ことわり）のない数」そのものであり、認めてはならない隠匿すべき数だったのです。

というのも、「物の本質は数」であり、自然数の比をきわめて重視し、すべての数は分数で表すことができるのではないか、と構想していたピタゴラスにとって、無理数はそのような構想を完全に否定する数であったからです。

分数は、自然数を材料にして、自然数どうしの比の関係を表す数として、自然数から構築することのできた数でした。

これに対して、無理数は、自然数からは作ることのできない数であり、「物の本質は（自然）数である」ということを教義とするピタゴラス学派にとって、無理数とは、教義に反する数、まさに「理（ことわり）のありえない数」なのです。

かくして、無理数は、自然数や分数とはまったく異質な、「新たな数」だといえるのです。そして、次章で触れる「負の数」を別にすると、実数は、自然数、分数にこの無理数を加えてできているといえます（少し視点の異なる「小数」については、実数の分類という観点からすれば考えなくてよいのです）。

ちなみに、$\sqrt{2}$や$\sqrt[3]{2}$などの無理数を代数的数といいます（代数的無理数）。「代数的方程式の解になる数」という意味です。

これに対して、円周率πなどは「超越数」といいます（超越的無理数）。

無理数にも2つの種類があるのですね。

また、数値線上には有理数（自然数や分数）や無理数が無限に並んでいるのですが、その有理数と無理数の「個数」を調べてみると、大方の予想に反して、「無理数」のほうが圧倒的に多く、その比率は、0：100なのです！　つまり、数値線上に石を投げると必ず無理数にあたってしまうのですね。

小数について

このように、実数は、

　自然数や分数などの有理数

　分数で表すことのできない無理数

の2つでできています。

　これに対して、小数は、同じ実数を別の方法で表したものです。

たとえば、$\frac{3}{5}=0.6$、$\sqrt{2}=1.4142\cdots$というように、同じ実数を、分数や平方根（$\sqrt{\ }$の形の数）などの形で表すことも、小数で表すこともできるのです。

でも、同じ数をいくつもの方法で表すことにどんな利点があるのでしょうか？　言い換えると、小数を考えることにどんな意味があるのでしょうか？　小数の居場所はどこなのでしょうか？

　ここで、分数や無理数についてもう一度考えてみましょう。

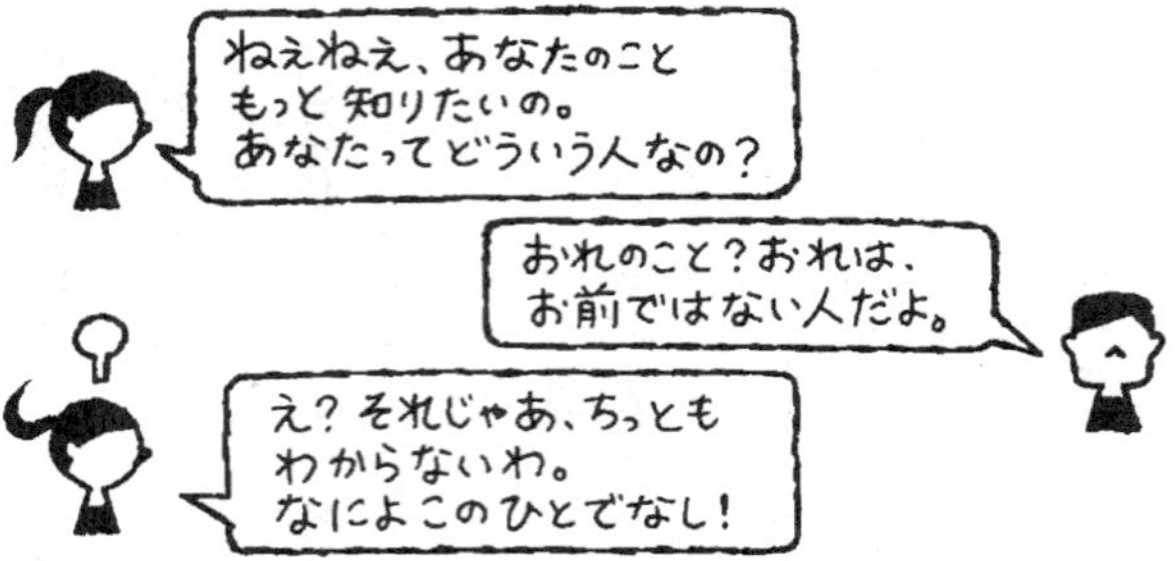

図1-16

(例1) $\frac{3}{5}$とは、3を5等分したうちの1つ分のことである

(例2) 無理数とは、分数で表すことのできない数である

(例1) の場合、「3を5等分したうちの1つ分」と、「$\frac{3}{5}$」とは、ほとんど同じことであり、いわゆる「同語反復」(トートロジー) といってもあながち誤りとはいえません。

(例2) についても、「分数で表すことのできない数」という言い方そのものにはそれほど大した内容はありません。仮に「分数」のことがよくわかったとしても、だからといって「分数でないもの」が何なのかがわかるわけではありません。つまり、無理数の正体は、分数の中に隠されているとはいえないのです。

極論すると、「〜でないもの」という言い方には新たに加わった内容はほとんどないのです。このように、「無理数とは分数で表すことのできない数のことである」といったところで、無理数について新たにわかったことはあまりないのです。

ここで小数の出番です。小数という別の見方があると、分数や無理数などのことがもっとわかります。小数を考えることの少なくとも1つの意味はここにあるといえるのです。

小数の歴史

繰り返しになりますが、小数をはじめて習うのは小学校3年生の後半で、最後の小数のかけ算・割り算の学習は小学校5年生の後半です（35ページ参照）。

これは、分数の学習期間（小学校3年生後半〜小学校6年生前半）とほぼ重なっていて、小数と分数はつねに並行して教えられます。

そのためか、分数と小数は、よく似たもの、オモテとウラの関係のようなものとして考えられるのが普通です。

たとえば、$\frac{3}{5}$は$3 \div 5$のことで、$3 \div 5 = 0.6$より、$\frac{3}{5} = 0.6$ですね。

このように、分数を小数で表すことによって、分数のことをより深く理解できます。

分数と小数のこのような関係は、小学校での分数と小数の学習に関してはあてはまります。

しかし、歴史的にはそうではありません。

分数は、すでに述べたように、何千年も前から知られていました。一方、小数が発見（発明？）されたのは16世紀の後半だといわれています。

小数は、ベルギーのシモン・ステヴィン（１５４８〜１６２０）という人によって、１５８５年に出版された『小数論（ラ・ディズム）』という本の１節ではじめて論じられたということになっています。

一説では、小数は複利計算に関する表との関係で考えられたともいわれていますが、定かではありません。

ただし、ステヴィンの小数の表し方は今日のものとは幾分ちがっていて、小数点を導入したのは、対数の発見者として知られているジョン・ネイピア（１５５０〜１６１７）だといわれています。

さらに、ドイツやフランスでは、小数の普及はさらに２００年以上も遅れ、メートル法が採用された19世紀になってからのことだそうです。

このように見てくると、小数が実質的な役割を演じるようになったのはほんの最近のことであり、由緒正しき名家の「分数」に対して、「小数」は産業革命後の庶民の世に花開いた「市民」だといえるのかもしれません。

しかも、分数よりも小数のほうが守備範囲が広く、分数だけでなく、無理数を含む実数全体と関係します。

小数と分数の関係は単なる裏と表の関係ではないのです。

小数のしくみ

さて、ここで小数とはどういうものかについて、あらためて考えてみましょう。

42ページで、10進法と位取りについて調べましたが、小数はこの10進法と位取りの方法を拡張したものといえます。

つまり、ある数を表す場合、「整数」部分については、

10の束、
100（$=10^2$）の束、
1000（$=10^3$）の束、
⋮

がそれぞれ何束ずつあるかを求めます。

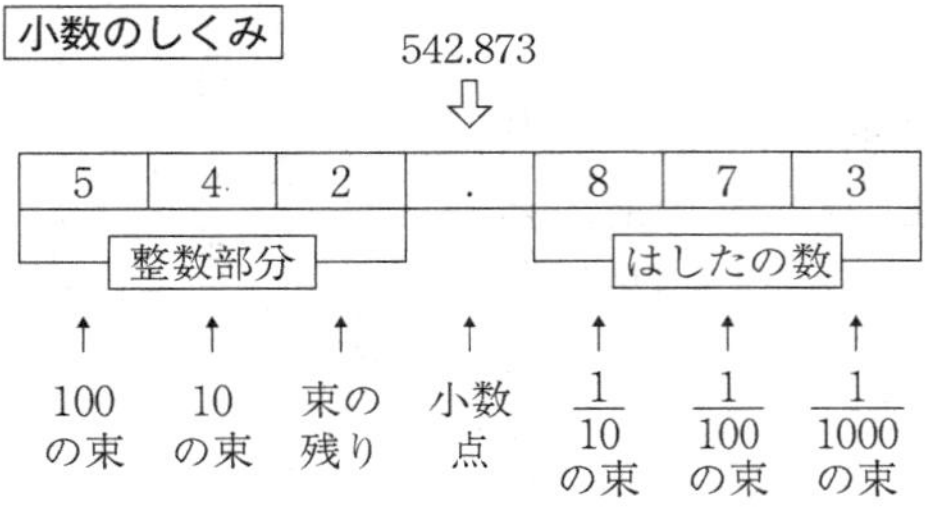

図1-17

「はしたの数」（1より小さい部分）については、

$$\frac{1}{10}\text{ の束、}$$

$$\frac{1}{100}=\left(\frac{1}{10}\right)^2\text{ の束、}$$

$$\frac{1}{1000}=\left(\frac{1}{10}\right)^3\text{ の束、}$$

$$\vdots$$

がそれぞれ何束ずつあるかを求めます。

　そして、それぞれの束の数を表す数字を、小数点より左側と右側の位置（位）に順に書けばよいのです。

　このようにして、10進法と位取りの原理をもとにして、「整数」と「はしたの数」の和でできている数を表すことができます（もちろん、10以外の束にすれば、10進法以外の方法の小数を考えることもできますが、歴史的な事情により、普及したのは10進法にもとづく小数でした）。

小数の性質

小数の大きな特徴は、大小比較がカンタンにできるということです。2つの小数の大小を比べるためには、上位の位の数字から順に比べていけばよいのです。

たとえば、$\frac{3}{5}$と$\frac{5}{8}$のどちらが大きいかは、通分して分母を同じ大きさにしなければわかりません。

ところが、分数を小数で表しておけば、大小関係は一発でわかります。

$\frac{3}{5}=3\div5=0.6$、$\frac{5}{8}=5\div8=0.625$で、0.6よりも0.625のほうが大きいことはすぐにわかるので、$\frac{3}{5}$より$\frac{5}{8}$のほうが大きいこともわかるのです。

そして、小数の大小関係がカンタンにわかることから、数直線上に並んだ数のようすを容易につかむことができます。

数直線というのは、基準になる点（原点O）と目盛りをつけた直線のことで、原点から距離aにある点を「数aを表す点」といい、ときには数aとその点を同一視します。

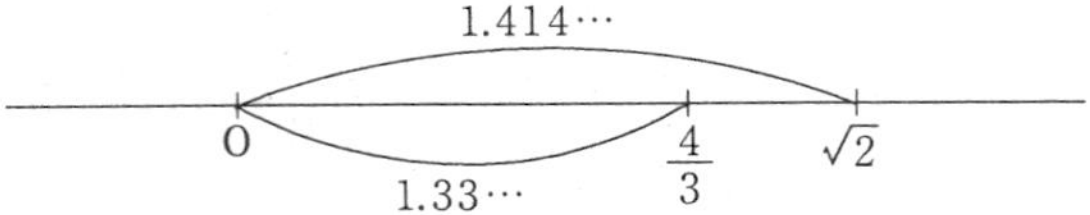

図1-18

このようにして、小数を用いると、分数の$\frac{4}{3}$や$\sqrt{2}$が数直線上にどのように並んでいるかが手に取るようにわかるのです。

実数は数直線上にすき間なく並べることのできる数であり、すべての実数は小数を用いて表すことができます。

少し乱暴な言い方ですが、「実数とは小数で表すことのできる数のこと」です。

実は、これまで述べてきたことは、純粋に数学的な立場からいうとあまり厳密だとはいえません。

つまり、「分数で表すことのできない数を無理数」といい、「有理数と無理数を合わせて実数という」というとき、よく考えると何のことかよくわからないのです。

というのも、「分数で表すことのできない数」という場合の「数」とは、実は「実数」のことであり、結局のところ「実数」というものを前提にしているからです。

ただし、「分数で表すことのできない数を無理数という」というとき、その趣旨は、「分数で表すことのできないような数（『有理数』）が（その全体像はよくわからないけれど）とにかく存在するので、一応『無理数』と呼んでおこう」ということなのです。そして、有理数と無理数を合わせて実数といいます。

この「実数とは何か」という問題の解決はもう少し高度なものなのですが、「実数とは小数で表すことのできる数のことだ」という説明でもここでは十分であると考えられます。

小数の種類

前ページで、「実数とは小数で表すことのできる数のことである」ということを述べましたが、この小数は次の3通りに分かれます。

①$\frac{3}{8}=0.375$や$\frac{383}{625}=0.6128$のように、分母が2と5だけの積でできている分数は、小数点以下の数字が有限で終わります。

このような小数を「有限小数」といいます。

- 実数……
  - 有理数……
    - ①有限小数
    - ②循環小数
  - 無理数……③循環しない無限小数

図1-19

② $\frac{3}{7}=0.4285714285\cdots$のように、①以外の形の分数では、図1-18のようにいくつかの数字が限りなく繰り返されます。

このような小数を「循環小数」といいます。

428571の数字の繰り返し

③ $\sqrt{2}=1.41421356\cdots$のように、無理数は、同じ数字の繰り返しではない数字が無限に続く小数となります。

このような小数を「循環しない無限小数」といいます。

「ひとよひとよにひとみごろ…」

この性質を利用すると、実数は、小数を用いて図1-19のように分類することができます。

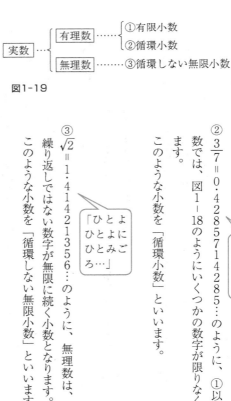

自然数や分数を小数で表すと、必ず有限小数か循環小数になります。というのも、分数を小数で表すためには（分子）÷（分母）の割り算をします。そして、その商を順に並べたものがその分数を表す小数になります。その場合、その割り算の途中で割り切れないであまりが出たとすると、そのあまりは割る数（分母）より小さいはずです。すると、何回か割り算をしていくうちに一度出たあまりと同じあまりが必ず出ます。

そして、その後の割り算の商は同じ繰り返しになるので、小数は同じ数字の繰り返しになるのです。

逆に、有限小数や循環小数は必ず分数で表すことができます。

3÷7の計算

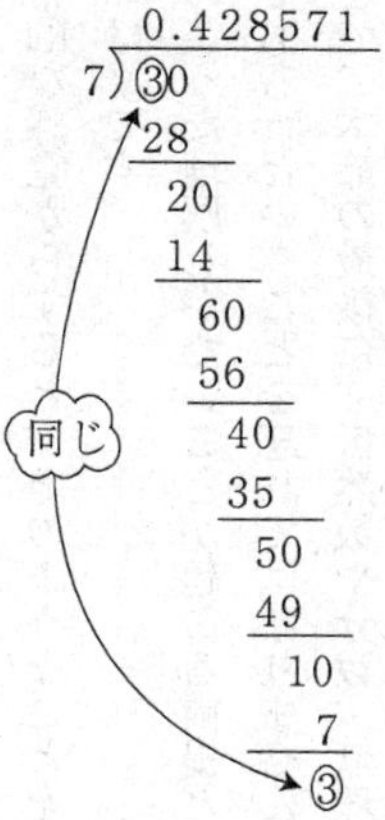

図1-20

結局実数にもいろいろとわけがある

このように見てくると、虚数に比べてまともだと思っていた実数もそう素直ではない、ということがわかってきました。

実数の中でかろうじて受け入れられそうなのは自然数と分数くらいであり、無理数を何の抵抗もなく受け入れる人はそう多くはないでしょう。

ましてや、実数全体になると未知のことをいっぱい秘めているようです。

このような気持ちは、小数という観点から実数を見たときにさらに強まったのではないでしょうか。

ところで、62ページにおいて、有理数と無理数の「個数」を比べると、無理数のほうが圧倒的に多く、その比は0：100である、ということにちょっとだけふれておきました。日常的な感覚からすると、そのようなことをいわれても何のことなのかほとんど理解できないはずです。

そのような理解しがたいことが起こる前提として、自然数や実数は「無限個のものの集まりである」ということを忘れてはなりません。

そこで、本節の最後に、自然数や分数、無理数、実数の個数についてもう一度調べ、合わせて、数直線上でのようすについてもふれておくことにします。

さて、無限個のものの集まりを無限集合といいます。

無限集合の個数を比べるときは、1対1の対応をつけることができるとき、2つの無限集合の個数は同じであるというように決めます——無限集合について本格的に取り組んだのはゲオルグ・カントール（1845～1918）でした。彼は、この「1対1対応」の原理を用いて、無限にも程度のちがいがあることを示しました。

ただし、「個数」ということばは誤解を与えやすいので、「個数」のかわりに「濃度」ということばを使います。

この決め方によれば、自然数の集合と偶数の集合に対して、次のような1対1の対応をつけることができるので、自然数の集合と偶数の集合の個数（濃度）は同じだということになります。偶数の個数は自然数の個数の半分だと考えるのがまっとうだと思うのですが、無限集合の場合はこういう部分が全体と同じ個数というヘンなことが成り立つのです（図1－21）。

また、次のように対応させると自然数の集合と分数の集合も個数（濃度）は同じだということがわかります（図1－22）。

自然数	1	2	3	4	5	6	7	8	9	…
	↓	↓	↓	↓	↓	↓	↓	↓	↓	…
偶数	2	4	6	8	10	12	14	16	18	…

図1-21

自然数	1	2	3	4	5	6	7	8	9	…
	↓	↓	↓	↓	↓	↓	↓	↓	↓	…
分数	$\frac{1}{1}$	$\frac{1}{2}$	$\frac{2}{1}$	$\frac{1}{3}$	$\frac{2}{2}$	$\frac{3}{1}$	$\frac{1}{4}$	$\frac{2}{3}$	$\frac{3}{2}$	…

図1-22　分子と分母の和が2、3、…の分数を順に並べて対応させます。ただし、正確には、同じ分数は除いていきます。

このようにして調べた結果、次のような数の集合の濃度（個数）はどれも同じであることがわかりました。

その濃度を「可付番濃度」または「可算濃度」といいます。

無限集合の個数の中でいちばん小さい（？）濃度です。

自然数、偶数、奇数、整数、分数（有理数）もどれも同じ可算濃度です。

（いちばん小さい濃度というのがあるのなら）偶数や奇数は自然数の「半分」、整数は自然数の「２倍と０が１個」、分数は「自然数のおよそ２乗」ですが、無限集合の場合には、ぜ〜んぶ同じになります！

「可付番濃度」というのは、「1、2、3、4、…の番号をつけることのできる個数」ということです。

［対角線論法］

仮に自然数と実数を1対に対応づけることができて、実数全体を順に並べることができたとします。

1 → 3.4856237…
2 → 5.6381974…
3 → 1.4154870…
4 → 8.5960364…
……

このとき、各位の数字が対角線上のどの数字とも異なる小数

（例）4.727…

を考えると、上に並べたものとはちがう実数ができることになり、矛盾します。

図1-23

もっと大きい濃度があるのかということになりますが、実はあります。

実数の集合はその1つの例です。

このような集合の濃度を「連続体濃度」といいます。

実数の集合の濃度が自然数の集合の濃度よりも大きいことを示すには、「対角線論法」（図1－23）というテクニックを使います。

そして、可算濃度（自然数の個数）と連続体濃度（実数の個数）の間の濃度があるかどうかという問題があり、これがないという仮説を「連続体仮説」といいます。

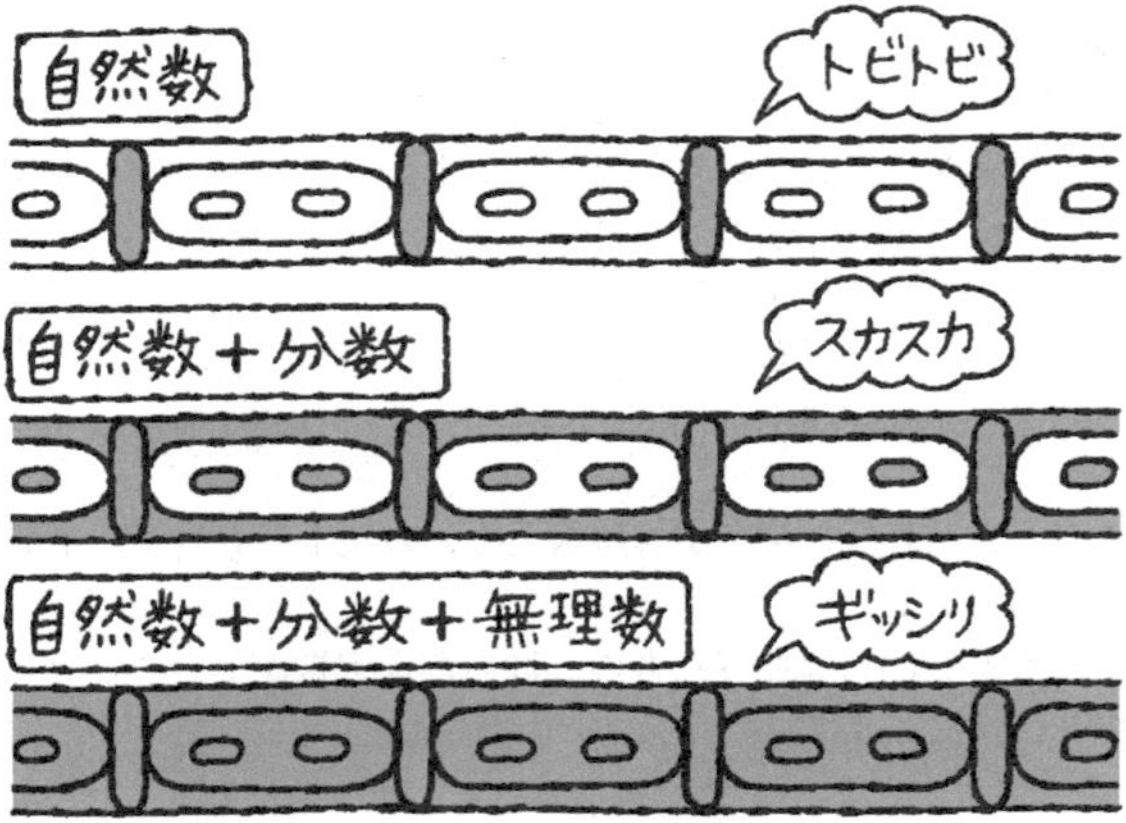

図1-24

数直線上の実数

このように、無限集合であるいろいろな数の集合の個数について、だいたいのイメージがつかめたところで、数直線上でのこれらの数の並び方についてざっと見ておきましょう。

まず、自然数は1ずつの間隔でトビトビに並んでいます。

次に、分数がそのすき間をうめて並んでいます。

分数どうしのどのようなすき間にも別の分数が入り込んでいて、分数が1つもないといったところはありません。

それでも、分数だけを取り出すとスカスカです。

分数のすき間には分数の個数とは比較

にならないほど多くの無理数が並んでいます。

分数（有理数）と無理数を合わせた実数は数直線上ですき間なく並んでいて、実数の並びは「連続的」になっています。

いずれにしても、虚数を考えるまでもなく、実数の世界自体が摩訶不思議《まかふしぎ》なところなのです。

第2章　虚数はこうして認められた！

——虚数の誕生事情

03 負の数と虚数の生い立ちと定着まで
～方程式から芽が出て成長した

負の数と虚数

これまで、実数を構成する数として、自然数→分数→無理数の順に見てきましたが、1つだけ触れるのを避けてきたものがあります。

それは負の数です。

負の数は他の3種類の数とはどこか何かがちがいます。

自然数・分数・無理数という3つの数のセットは、数の中へ中へと目を向けて、数とは一体どういうもので成り立っていて、数のすき間には何があるのかといった問題意識を持ったときに発見される数です。これに対して、負の数は、数の中へ向けていた目を一転して別のところへと向けたときに発想される種類の数だといえます。いわば、実数の深さの追求が自然数・分数・無理数の3種類の数を見出《みいだ》し、実数の広がりの追求が負の数を誕生させたのです。

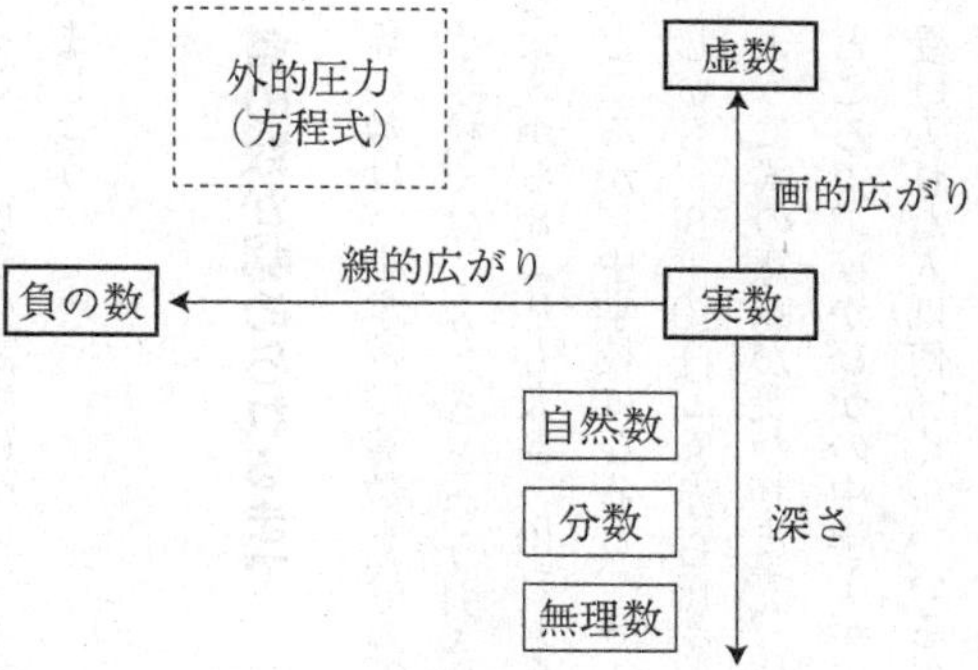

図2-1

その実数の広がりへの視点の移行は、いわば外的な圧力によって行われました。

その外的な圧力は、方程式の解を考える過程で生じました。

それまで、自然数・分数・無理数のセットで実数の中身はある程度解明された状態にあると思われていました。それらだけで十分であると納得していたところに、外的な圧力によって負の数というわけのわからないものが追加として押し込まれたのです。その結果、負の数が受け入れられて定着するまでの過程は決して平坦《へいたん》なものではありませんでした。

そのあたりの事情は虚数の場合とよく似ています。

虚数の場合も、実数で十分だと思われていたところに、方程式についての論争の中から、強制的にその存在を認めるように要請されたのでした。

そこで、虚数の誕生についてふれる前に、負の数が受け入れられるまでのようすを見てみましょう。

負の数が認められるまで

負の数は、小学校で算数を終えて中学校に入るとすぐに学習します。

小学校では、8－5という引き算は計算できますが、8－10という引き算はできません（8から8よりも大きい10を引くことは「できません」）。

ところが、中学校になると、8－10は計算できて、答えは−2となります。

しかも、8－10は「8から10を引く」引き算ではなくて、「8に−10を足す」足し算というように式の意味が変わります。

ところで、ぴかぴかの中学1年生の中で、式に対するこのような意味づけの変化を難なく受け入れた人は何％くらいいるのでしょうか？

実際、中学1年ではじめて負の数を教え／学ぶにあたって、ずいぶんと不自然なことが行われます。

その中でもわかりにくいのは、「負の数とは、反対の意味を持つ数である」という考え方です。

たとえば、「−5円の損失」は、「5円の利益」のことで、数の部分を正負反対にして同時にことばの部分も反対の意味のものにすると、反対の反対はもとと同じという原理で考えます。次のような言い方も意味はわかります。

・西へ−5 km行ったら…
・その原稿なら−2日前にできています…
・私には−4千万円の貯金がある
・私はこれまで−8人の人を振ったわ

負の数に対するとまどい

ところで、このように具体的な場面を表現する中で正負の数について言及するという段階から、抽象的な正負の数の概念の段階へと飛躍できるのかというと、そう楽観はできません。

たとえば、「−5個もらう」というのは「5個あげる」ことだというのはわかりますが、では、そもそも「−5個」とは何なのか、というと、よくわからなくなってしまいます。

「○○は〜である」という形の文でしか負の数を捉《とら》えられないとすれば、それは数としての要件を満たしてはいません。

「−4千円」はなんとなくわかるような気もするけど…

では、「−5個」や「−47人」は何のこと？

それにもかかわらず、このような考え方の延長線上で、たとえば、8−(−5)と8＋5が同じ式であるという理由を、「−5を引くというのは、5を足すというのと同じことだから、8−(−5)と8＋5は同じ式である」というような説明をします。

しかし、このような考え方はすぐに行きづまり、負の数のかけ算の説明ができません。たとえば、(−3)×(−5)が3×5と同じ式であるという理由をどのように説明するのでしょうか。

「−3と−5のかけ算は反対のものどうしの3と5のかけ算と同じ」という説明は一見すると正しそうですが、では、「かけ算の『反対語』はわり算だから、−3と−5のかけ算は3と5のわり算と同じである」といった説明はどうしていけないのでしょうか？

このように、「負の数の意味」は簡単には捉えられません。

中学1年で負の数を学ぶ／教える場合は、教わる生徒の側の力は圧倒的に弱いので、少し強引なことでもなんとなく納得してしまうかもしれませんが、歴史的に負の数に初めて対面した人たちは、そうはいきませんでした。

少なくとも当時の数学の最先端にいた人たちだから、思考停止して頼るべき権威もありません。

負の数に初めて直面した人たちの心情は、「負の数」という空洞を持ったものに対する恐れのような拒絶であったり静かな無視であったりであり、いずれにしても何かしらのとまどいを感じたはずです。

負の数の誕生を促したもの

「負の数」が意識にのぼってきたそもそもの原因である「方程式という外的圧力」について、もう少し考えてみます。

たとえば、4－6という計算は、すごくシンプルな状況では、「そのような計算はありえない」ということで、考えなければすむことです。しかし、もう少し複雑なシステムの中でなら、4－6という計算は意味を持つようになるかもしれません。

ごく小さな狩猟社会では、

「しし肉4塊のうちの3塊を食べた結果は？」

というのであれば、4－3という式で表すことができますが、

「しし肉4塊のうちの6塊を食べる」

ということはできないので、4－6という式には意味がなく、このような計算はありえない、ということになります。

ところが、社会の規模が大きくなり、近隣の集団との間で交易が行われたり生産力の高まりによって内部備蓄ができるようになったりすると、不足分を負債として借り入れたり備蓄の中から融通したりできるので、

「しし肉4塊のうちの6塊を食べた結果は、しし肉2塊の借り入れ」

ということで、4－6という式は成り立つかもしれません。

以上は、負の数の誕生と社会的・経済的要因との関係を想像してみたものですが、本当にそうなのかどうかを確かめることは容易ではありません。

けれども、負の数がより上位のシステムからの要請で生まれてきたということは、少なくとも数学の中のこととしては成り立ちます。

すなわち、負の数は、数と物との具体的な関係の中から生まれてきたのではなくて、そ

れよりもひとつ上のレベルの「代数学」の進展の中で形成されてきたものだといえます。

いろいろと異論の出ることを承知で単純にいってしまうと、「代数学」とは、文字通り「数に代わって」考察する数学の分野であり、広くいうとほとんどの数学は代数学なのでしょうが、狭義には数の代わりに文字を使って調べるもの、さらに限定すると、文字を使って方程式の解法を研究するものといえます。

数という具体的なものとのつながりが強いレベルから、方程式というより抽象度の高いレベルへと移ったところで、負の数（そして「虚数」も）が考えられたということは、ある意味当然のことだったのかもしれません。

古代〜中世と負の数

そこで、代数学の発展と負の数の誕生に関する歴史上の流れについて簡単にまとめてみましょう。

ピタゴラスが活躍した古代のギリシャの時代では、数と並んで幾何学が重視されていました。

ピタゴラス学派を重視したプラトン（B.C.427頃〜B.C.347頃）の学園アカデメイアの入り口に「幾何学を知らざる者、この門に入るべからず」と書かれていたというのは

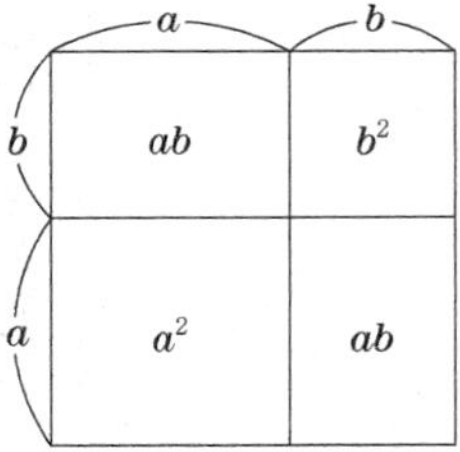

図2-2

有名な話です。

幾何学というのは図形を調べる学問のことですが、その第一の特徴は、長さや面積などの「目に見えるもの」を対象とするということです。

そして、当時の代数学は図形を用いたものが主流で、幾何学的代数学というべきものでした。

たとえば、紀元前300年ごろまでの数学的成果を集成したとされるユークリッド（?〜?）の『原論』では、

$$(a+b)^2 = a^2+b^2+2ab$$

が成り立つことを、1辺が$a+b$の正方形を使って図形的に証明しています（図2－2）。

幾何学的な方法では、数は線分の長さや図形の面積によって表されます。これら長さや面積と負の数の概念とはなかなかマッチしません。

こうして、幾何学的代数学にもとづく流れにあって、負の概念は生まれにくかったのです。

このような幾何学的代数学の影響はヨーロッパの中世の数学にも及び、やはり負の数という考えの出現は困難でした。

中世において、２次方程式の解の公式はすでに発見されていましたが、虚根（虚数の解）はおろか、負根（負の数の解）も認められてはいませんでした。

ヨーロッパ以外でも、たとえば、代数（algebra）という言葉の由来者で知られるアラビアのアル＝ファリズミ（780?～850?）は、２次方程式を算術的に考察し、それに図形的な証明を加えました。「代数」の語源となったalgebraというのは、「負の項を移項する」というような意味だそうです。

また、インド人は負数の存在を最初に意識した人々だといわれています。たとえば、バスカラ２世（1114～1185?）は負の数を財産と負債によって説明し、２次方程式の負根を発見しました。しかし、発見はしたものの、「世の人は認めない」という理由で、実際には負根は採用されませんでした。

ルネッサンス期以降と負の数

ヨーロッパに戻ると、負の数がちらほらと意識され始めたのは、16世紀のルネッサンスの時代でした。

16世紀に入ると、代数の記号の表記に関する整備がいろいろと行われるようになりました。

たとえば、イギリスのロバート・レコード（1510～1558）は、加法・減法の記号として+、－を用い、ドイツのクリストフ＝ルドルフ（1500～1545）やその後継者のミハエル・シュティフェル（1487～1567）は根号として√の記号の使用を提案しました。

そして、フランスのフランシスクス・ヴィエタ（1540～1603）は、『解析術序論』（1591年刊）において、はじめて代数を記号的に扱ったといえる書物を出版しました。

一方、16世紀におけるもうひとつの大きな出来事は、3次方程式の「代数学的解法」でした。この3次方程式の解法については、後ほど「虚数」の誕生のところでもう一度取り上げますが、その解法の発見についてはいろいろと経緯はあったものの、結局、3次方程式の解法をはじめて書物に載せたのは、イタリアのジロラモ・カルダノ（1501～1576）でした。当然ながら、そこでも負の数は深くかかわっています。

けれども、記号代数学がこのように整備されていったにもかかわらず、16世紀のヨーロッパにおいては、負の数は是認されたとはいえませんでした。ルドルフは正の数しか認めなかったし、シュティフェルは負の数を知ってはいましたが、「不条理数」と呼んでいました。ヴィエタに関しても状況は同じようなものでした。唯一、フランスのアルベール・ジラール（１５９０～１６３３）が負の数について新しい見方を示しました。

そして、負の数を系統的に用いたのは、「われ思う、ゆえにわれ在り」で有名なルネ・デカルト（１５９６～１６５０）でした。

けれども、そのデカルトですら、負の数の考え方を完全に消化していたとはいえず、ときには誤った考え方をしていたそうです。

デカルトといえば、「座標」の発明で有名で、解析幾何学の祖といわれる人ですが、彼が考えた座標は今日のものとは若干異なり、座標のたて軸や横軸は負の方向へ伸びていないことが多かったそうです。

座標軸が負の方向にも伸び、直線上に正負の数を並べた「数直線」が今日のようになったのは、デカルトよりも少しあとのことであり、「座標」という言葉をはじめて用いたのはヴィルヘルム・ライプニッツ（１６４６～１７１６）でした。このころにようやく負の数が完全に受け入れられたといえます。

ただし、一般の人に負の数の考えが広く受け入れられるようになったのは、19世紀になってからのことだそうです。

3次方程式と虚数

このように、負の数という概念が生まれてきたのは、方程式を記号代数学的に扱い始めた16世紀以降においてでした。

同じように、「虚数」という概念も、16世紀以降において記号代数学的な手法で方程式を扱う中から生まれてきました。

ところで、本書の冒頭でも述べたように、今日私たちがはじめて虚数に接するのは、高校に入って、2次方程式の解の公式を学習するときです。

2次方程式そのものは中学校でも学びますが、中学校では根号（√）の中が負の数になる場合は考えないことになっていました。

高校になってはじめて、根号の中が負になる場合についても考え、それに伴って〝2乗すると負になる数〟すなわち虚数という新しい数にふれることになったのです。

言い換えると、今日の高校生は、「虚数」という概念を、2次方程式の解との関係の中で知ることになるのです。

ところが、歴史的に見た場合、「虚数」という考えが生まれてきたのは、2次方程式ではなくて3次方程式との関係の中からでした。

すでに述べたように、2次方程式の解の公式は古くから知られていましたが、方程式を記号代数学的に扱い始めた16世紀以降において、おもに2次方程式との関係から負の数の概念が生まれてきました。一方、同じころの16世紀に3次方程式の解の公式に関する活発な動きがあり、虚数が芽生えたのはその中からだったのです。

16世紀という同じような時期に、負の数の概念と虚数の概念がともに芽生えましたが、2次方程式を考察する中から負の数の概念が芽生えたのに対して、同じ2次方程式の中に虚数が何度も現れたにもかかわらず、虚数は結局無視されました。

たとえば、3次方程式の解の公式の発見におおいにかかわったカルダノは、「10を2つの部分に分けて、その積を40とせよ」という2次方程式の問題に対して、「$5+\sqrt{-15}$と$5-\sqrt{-15}$」という解を示唆しましたが、この虚数（負の平方根$\sqrt{-15}$）を「理解しがたいもの」といっていたそうです。

虚数には、できるならば極力無しで済ませたい、という気持ちを無意識に起こさせるほどの高い障壁があったのです。

しかしながら、そのカルダノも、3次方程式の解を調べるにあたって、虚数を無視することはできなくなってしまいました。

3次方程式の解の公式競争

では、その3次方程式の解とはどういうものだったのか？

ここで、3次方程式の一般的解法の発見の歴史について簡単に見ておきます。

一般的解法とは、どんな3次方程式に対してもあてはまるような解の公式を求めることで、16世紀のイタリアにおいて最初に発見されました。

当時のイタリアでは、数学試合というのがよく行われ、その試合の勝敗は社会的な成功とも結びつくほどでした。

そして、ニコロ・タルタリア（1499～1557）という人とフロリドゥスという人の間で1535年に行われた3次方程式の解法に関する数学試合において、タルタリアが完全勝利し、その名声はおおいに高まりました。その後、タルタリアは苦心の末に、1541年についに3次方程式の一般的解法を見出しました。

ところが、当時のイタリアの代表的な数学者であったカルダノは、タルタリアの解法をどうしても知りたく思い、熱心に懇願した結果、秘密を厳守するという約束のもとに、ついにタルタリアからその解法を教わりました。

ところがところが、カルダノは、秘密を守るというタルタリアとの約束を破り、1545年に『大いなる術』という書物を出版し、その中でその解法を公表してしまいました。

その結果、3次方程式の解法の発見者はカルダノであるということになってしまったのです。

ちなみに、3次方程式の解法が発見されて後、4次方程式の解法の発見に努力が向けられ、その発見は、カルダノの弟子のロドヴィコ・フェラリ（1522～1565）によって達成されました。

カルダノはこの発見を喜び、『大いなる術』にその4次方程式の解法も収録しました。そのため、タルタリアの攻撃も弱まったといわれています。

アーベルとガロア

3次・4次方程式の解法の話が出てくると、5次以上の方程式の解法について簡単に触れておかなければなりません。

４次方程式までの一般解が求められたのだから、当然次の５次方程式の一般解へと興味が移るのは自然の流れです。

しかし、５次方程式の一般解はなかなか見つからず、その決着までに３００年近くがかかってしまいました。

しかも、その決着は、一般解を発見したというのではなくて、「５次方程式は一般に代数的には解けない」ということが、１８２６年にアーベル（１８０２～１８２９）によって、ついでガロア（１８１１～１８３２）によって証明されることによってでした。

その証明は、一般解を求めるとはどういうことなのかという一段上のレベルの問題にかかわるものであり、その意義と影響は計り知れないものでした。しかも、その証明に使われた「群論」などの考え方は、以後の数学の発展に決定的影響を与えました。アーベル、ガロアともに20代で夭逝《ようせつ》するという悲劇の大天才でした。

３次方程式の解の公式

こうして得られた３次方程式の一般解は、左ページの図２－３のようなものです。

この式は複雑ですが、高校１年の知識があれば導くことができます（堀場芳数『虚数 i

の不思議』講談社などが参考になります）。

3次方程式の解の公式と虚数

このように、3次方程式の一般解として求めた式は、そう簡単なものではありません。けれども、大切なのは「一般解が存在する」ということであり、その使いやすさではありません。

方程式の解（の近似値）を求めるだけならば、今日ではコンピュータを使えばすぐに出てきます。

それはさておき、今求めた公式を使って、たとえば、

$$y^3 - 6y - 4 = 0$$

の解を調べてみましょう。

この方程式に $y = -2$ を代入すると成り立つので、

この $A+B$ の3次方程式(イ)の解、すなわち(ア)の解は

$$y = A + B$$

なお、 $\left.\begin{array}{l}\omega A + \omega^2 B \\ \omega^2 A + \omega B\end{array}\right)$

も(ア)の方程式の解であると(イ)に代入して確かめることができる。

ω は1の虚立方根で

$$\omega = \frac{-1 \pm \sqrt{3}i}{2}$$

よって(ア)の3つの解は

$$y = \mathrm{A} + B,\ \ \omega + A + \omega^2 B,\ \ \omega^2 A + \omega B$$

3 次方程式　$x^3 + ax^2 + bx + c = 0$　…(ア)
で、y について、y^2の項のない方程式にするため

$x = y - \dfrac{a}{3}$ とおいて（ア）に代入すると

x^2 の項を消す

$$y^3 + \left(b - \frac{a^2}{3}\right)y + \left(c - \frac{ab}{3} + \frac{2}{27}a^3\right) = 0$$

$3p = b - \dfrac{a^2}{3}$，$2q = c - \dfrac{ab}{3} + \dfrac{2}{27}a^3$とおくと

$$y^3 + 3py - 2q = 0 \quad \cdots(イ)$$

ここで、$y = A + B$ とおくと、

$$y^3 = (A + B)^3 = A^3 + B^3 + 3AB(A + B)$$

から、

$$y^3 - 3ABy - (A^3 + B^3) = 0 \quad \cdots(ウ)$$

(イ)と(ウ) を比べると

$$\begin{cases} AB = -p \\ A^3 + B^2 = 2q \end{cases}$$

したがって、

$$A^3B^3 = -p^3$$

よって解と係数の関係より、A^3、B^3を解とする t についての方程式

$$t^2 - 2qt - p^3 = 0 \quad \cdots(エ)$$

(エ) を解くと、$t = q \pm \sqrt{q^2 + p^3}$

つまり　$A^3 = q + \sqrt{q^2 + p^3} \longrightarrow A = \sqrt[3]{q + \sqrt{q^2 + p^3}}$

$B^3 = q - \sqrt{q^2 + p^3} \longrightarrow B = \sqrt[3]{q - \sqrt{q^2 + p^3}}$

図2-3

実数−2は解の1つです。

ところが、図2−3の式（イ）で$p=-2$、$q=2$だから、

$$A=\sqrt[3]{2+\sqrt{-4}}$$
$$B=\sqrt[3]{2-\sqrt{-4}}$$

$p=-2$、$q=2$とすると、
$A=\sqrt[3]{q+\sqrt{p^3+q^2}}$、
$=\sqrt[3]{2+\sqrt{(-2)^3+2^2}}$
$=\sqrt[3]{2+\sqrt{-4}}$

で、解の1つ$A+B$は、次のようになります。

$$A+B=\sqrt[3]{2+\sqrt{-4}}+\sqrt[3]{2-\sqrt{-4}}\quad\cdots①$$

この解①を見ると、解の中に虚数が現れてきます。他の2つの解についても、当然なが

らその中に虚数が現れてきます。

このように、実数解−2を表すのに、一般解の公式を使うと、解の中に虚数が入り込んでしまうのです！

もしも解そのものが虚数である場合は、「それは解とは認めません！」といって無視すればすみますが、途中で出てくる虚数を認めないという理由で、結果の実数解を「解とは認めません!!」というのでは、その一般解そのものの意義が疑われてしまいます。

こうして、16世紀において、3次方程式の解についての動きの中で、虚数を認めるようにとの圧力がかかったのです。

ところが、このような圧力があったにもかかわらず、残念ながら虚数承認への動きは再び弱まってしまいます！

虚数の定着

負の数は、16世紀のルネッサンス期の記号的代数学の発展とともに芽生えたものの、17世紀前半のデカルトの時代になっても完全には受け入れられたとはいえず、17世紀後半のライプニッツやニュートン（1642～1727）の時代にようやく認められ、しかも一般の人にいきわたるようになったのは19世紀のことでした。

ましてや、負の数の平方根である虚数はそう簡単には受け入れられませんでした。

虚数は、同じ16世紀のルネッサンス期に3次方程式の一般解に関する考察の中で意識には上ったものの、その後再び沈静してしまい、再度注目されたのは、18世紀に入ったころのオイラーによってでした。

18世紀の大数学者オイラー（1707〜1783）は、$\sqrt{-1}$をはじめて〝i〟と表したことでも知られています。

それよりも、虚数iを媒介にして、指数関数と三角関数を結びつけたオイラーの公式

$$e^{ix} = \cos x + i \sin x$$

これは
ものすごい公式!!

で有名です。

この時代、オイラーたちは虚数を計算に積極的に活用しました。けれども、それにもか

かわらず、彼らにとって虚数とは「便利な虚構」以上のものとはなりませんでした。

虚数がまっとうに受け入れられたといえるのは、19世紀初頭のカール・フリードリッヒ・ガウスによってでした。

ガウスは、「虚数」を「複素数」として捉えなおし、複素数を「複素数平面」（「ガウス平面」ともいいます）に図示することによってその実在性を人々に意識させることに貢献しました。

また、彼は、この複素数平面を縦横に活用して、「複素係数の代数方程式は複素数の範囲で必ず解を持つ」といういわゆる「代数学の基本定理」に厳密な証明を与えました。

さらにガウスは、複素数を変数とする「複素関数」についても考察しました。この「複素関数論」は、すぐあとのオーギュスタン・ルイ・コーシー（１７８９～１８５７）によって大発展しました。

ここでようやく複素数は受け入れられるにいたりました。

複素数は、少なくとも数学やその応用の世界では、もはやそれなくしては成り立たないほどのものとなったのです。

図形的裏づけ

これまで、自然数、分数、無理数、小数、そして、負の数、虚数などのいろいろな数について、それらがどのようにして受け入れられていったかについて詳しく見てきました。その結果、それらの数の多くは、必ずしも順当に受け入れられたのではないこと、途中ではその有効性を認められながらも「虚構」という認識のされ方に甘んじていた期間があったことなどを知りました。

さらに、一応の承認を得たときの状況には、よく似たことが伴っていたことを知りました。

それは、「数を図形的に表す」ということです。

たとえば、自然数、分数などは、古代ギリシャにおいて、もともと幾何学的（図形的）な観点から扱われていました。そして、小数の発見とともに、それらの数は「数直線」上に並べられることによって広く受け入れられるようになりました。

また、負の数にしても、今日のわれわれの感じからすると不思議なくらい最近まで、それほど認められてはいませんでした。

負の数がすっきりと認められたのは、数直線の左半分が負の数の部分であるとして、や

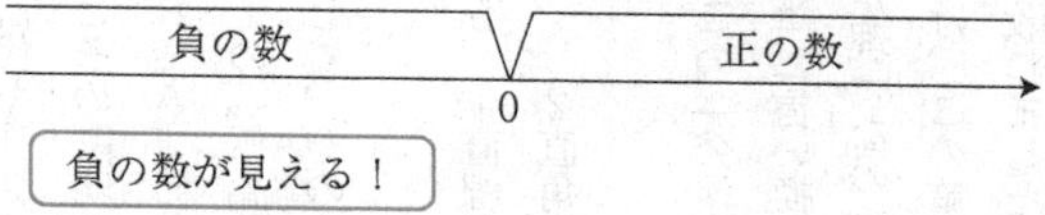

図2-4

はり数直線上に整然と並べられてからのことです。

　このことは、もちろん虚数の場合にもあてはまります。はじめのころは「邪悪な数」だとか「ありえない数」だとか「便利だが虚構の数」などと呼ばれていた虚数が、その存在を疑われることなく受け入れられるようになったのは、「複素数平面」上に図示されたことによるのです。

　はじめ図形とともに考察されていた数が、いったん図形からはなれて純粋に代数的に扱われるようになったものの、結局のところ再度図形的な裏づけを得て定着した、といえます。

　どの場合にも、図形的裏づけが決定打になって、ことが決着したといえるのです。

非ユークリッド幾何学

　画期的な「非ユークリッド幾何学」の図形的裏づけに果たした有名な例として成立事情は、このような状況とよく似ています。これまで述べたこととはかなり異なるものとしてここで取り上げます。

横道にそれますが、簡単にふれておきましょう。

古代ギリシャのユークリッドの『原論』は、定義・公準・公理に始まり、さまざまな定理とその証明が続くというスタイルの構成になっていて、長い間、「唯一の幾何学」といわれてきました。

その「原論」では、定義に続いて、「5つの公準」と呼ばれるものがおかれています。そして、そのうちの5つめの「公準」（いわゆる「平行線公準」）は次のようなものです。

5. 1直線が2直線に交わり、同じ側の内角の和を2直角より小さくするならば、この2直角は限りなく延長されると2直角より小さい角のある側において交わること。

この「公準」は、他の4つに比べて長くだらだらしていて、自明性も低いので、もっと簡単に言い換えることができるのではないか、あるいは、他の公準から導くことのできる「定理」なのではないか、といった疑問を多くの人が持ち、その解決を試みました。とりわけ、この第5公準を他の公準から導こうという試みが多くなされましたが、ことごとく失敗しました。

ところが、この試みは、意外な形で結末を迎えます。

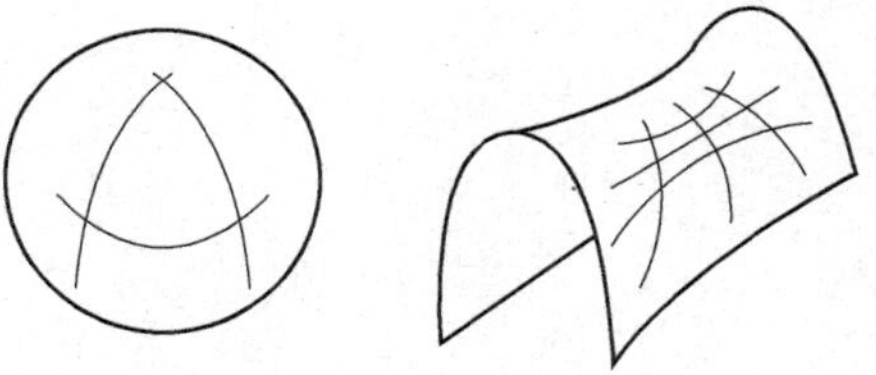

図2-5

すなわち、第5公準とは本質的に異なる「平行線」公準をもとにしても、矛盾のない幾何学が成立するということが示されたのでした。こうして作られた幾何学を「非ユークリッド幾何学」といい、その成立には、ガウスやロバチェフスキー（1793〜1856）、リーマン（1826〜1866）らがかかわりました。

ところで、問題はその決着のしかたですが、決着のためには、ユークリッドのものとは異なる幾何学を、実際に図形的に作って見せればよかったのです。

実際、図2−5のような球面（リーマン）や鞍《くら》のような面（ロバチェフスキー）において、2点を最短距離で結ぶ線を「直線」とすればよいのです。

第3章　これが虚数のナマの姿だ！

——虚数と複素数の世界

04 複素数と複素数平面
〜複素数の基本的性質を調べる

虚数から複素数へ

このようにして、19世紀初頭のガウスの時代に、虚数は広く受け入れられました。けれども、繰り返しになりますが、ガウスよりも前の時代から虚数は利用されていました。2乗すると−1になる数、すなわち$\sqrt{-1}$を、初めて〝i〟の記号で表したのは、ガウスのひとつ前の時代のオイラーでした。

彼は、複素関数に関する多くの研究を行い、とりわけ、104ページで取り上げたオイラーの公式の発見は画期的でした。

ただ、オイラーをはじめ、ガウスよりひとつ前の時代の人たちは、虚数を信用できないけど便利な数として、使っていたのです。

$$e^{ix}=\cos x + i\sin x$$

ちなみに、この式に$x=\pi$を代入すると、

$$e^{\pi i}=-1$$

という式が得られます。1つの式の中に、e、π、iという〝数のビッグ3〟が全部はいっているという、奇跡のような式ですが、このe、πという記号についても、初めて本格的に用いたのはオイラーであるといえます。

ところで、ガウスの時代に虚数が受け入れられたといっても、虚数をただ単に受け入れるだけではそれほど大きな変化があるわけではありません。

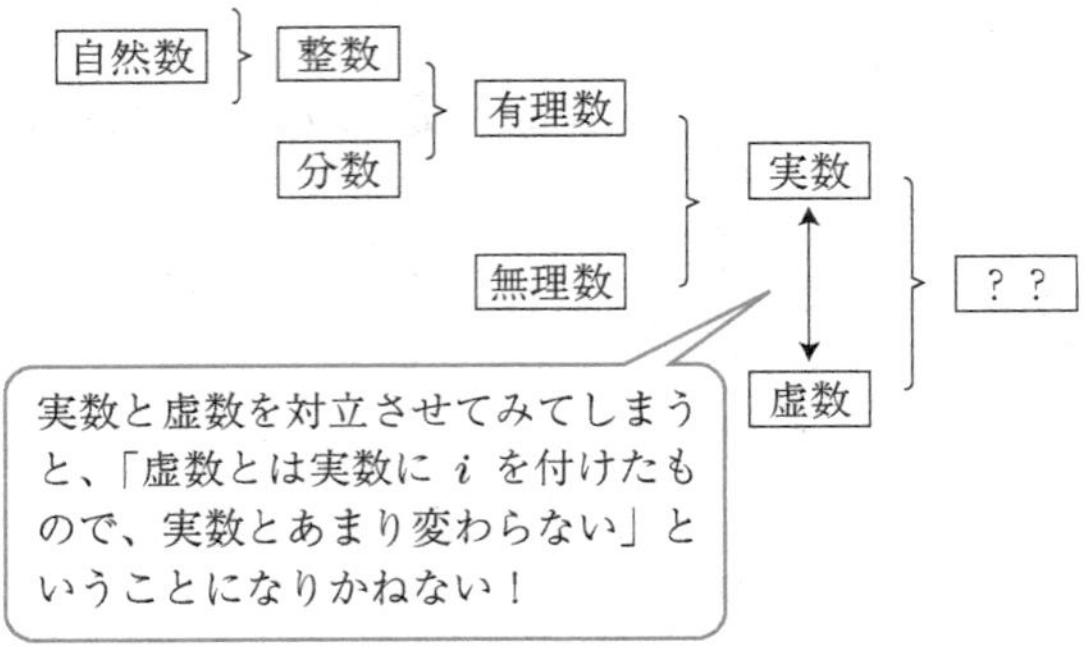

図3-1

というのも、虚数は、いったん受け入れられると、たちまち虚数の存在感がうすれてしまうからです。

たとえば、次のような実数と虚数を比べてみると、「2乗すると負になる」という以外には、実数とあまり変わらないことがわかります。

実数…2、-3、$\sqrt{3}$、π、0・485…

虚数…$2i$、$-3i$、$\sqrt{3}i$、πi、0・485i、…

何のことはない。

虚数とは、実数に〝i〟という記号を付けただけのものだということになりかねないのです。

複素数としての虚数

ところが、振り返ってみると、２次方程式や３次方程式の解の中にときどき現れていた虚数（２乗すると負になる数）は、$\sqrt{-4}$ のような単独の形ではなくて、

$$\frac{3+\sqrt{-5}}{2} \quad や \quad \sqrt[3]{2+\sqrt{-4}}$$

のように、（実数）＋（虚数）という複合的な形をしていました。

虚数を偽の数と見て、

実数　⇕　虚数

という対立関係で見ると、虚数は実数とよく似た物にすぎなくなってしまいます（平行宇宙のようなもの！　アイ（i）のあるパラレルワールドだ!!）。

けれども、虚数の存在を積極的に認め、その性質をさらに深く探ろうとすると、頻繁に現れる $3+\sqrt{-5}$ のような、

実数　＋　虚数

図3-2

の形の数を考えるのが自然の成り行きです。

ガウスもまたそう考えました。彼は、実数と虚数という2つの単位を考え、その和で表される「新しい数」を想定したのです。

それにともないガウスは、この「新しい数」を、〝虚数〟という負のイメージを持ちかねない呼び方から、〝複素数（complex number）〟という名称へと変更しました。

ともあれ、こうして登場して来た〝複素数〟とは、次のような数のことです。

実数a、bに対して、

$$a + bi \quad (i^2 = -1)$$

と表される数を複素数といいます。

また、aを「実数部分」、bを「虚数部分」といいます。

特に、虚数部分が0のときは、$a + 0i$とaを同じだと考えて、実数だとみなします。

また、実数部分が０のときは、０＋biをbiと考えて、「純虚数」といいます。

このように、複素数とは、実数を含み、実数を拡張した新しい数なのです。

複素数平面への図示

ところで、実数の場合は、数直線という直線の上に点として表すことができました。

数直線とは、直線上に基点となる原点Ｏと目盛りを付けて、原点Ｏより右側は正の数、左側は負の数で、右にいくほど大きな数になるように数を表す点を並べたものです。

数直線によって、実数を目で見ることができるようになるとともに、実数の性質をさらに知るためにも大変役立ちます。

同じように、生まれたばかりの複素数もまた、ヴィジュアルに表すことができます。実数の数直線に対応するのが、複素数の場合、「複素数平面」（複素平面またはガウス平面ともいいます）です。

これは、横に広がる数直線と、原点を通りこの数直線と垂直な直線とでできる平面のことです。

横に広がる数直線上の点が実数aを表し、これに垂直な直線上の点が虚数biを表します。横の数直線を実軸、これに垂直な直線を虚軸といいます。

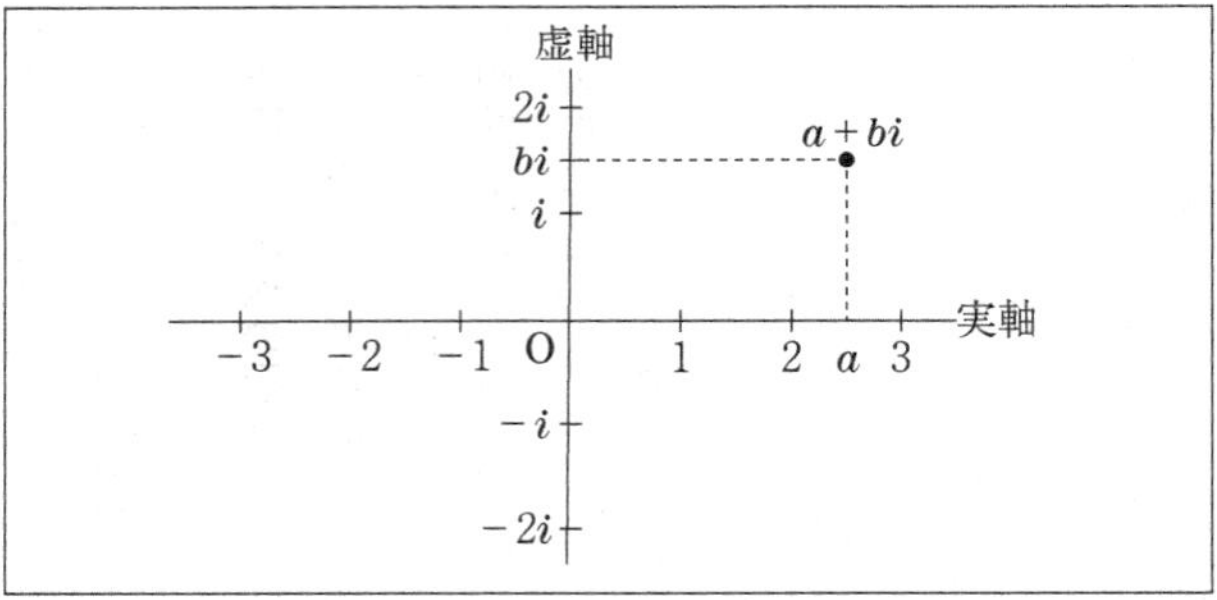

図3-3

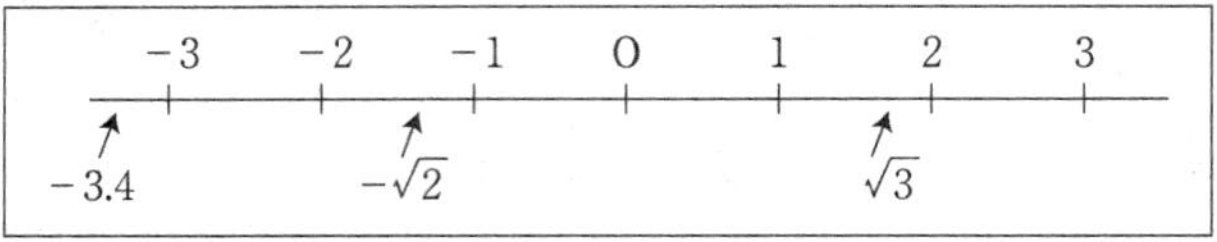

図3-4

そして、複素数$a+bi$と、実軸の座標がa、虚軸の座標がbiである点（a、b）を対応させるのです（図3－3）。

すべての実数は、数直線上で順に並べることができます（図3－4）。

ともあれ、複素数平面は、複素数が広く受け入れられるようになることに大きく貢献しただけでなく、複素数の性質を調べる上でもきわめて重要な役割を果たします。

複素数の計算

ところで、複素数が数であるならば計算ができなくては困ります。

そこで、図3－5のような計算の

2つの数 $\alpha = a + bi$、$\beta = c + di$ について、

① **α と β が等しい**とは、実数部分と虚数部分がともに等しい場合とする。つまり、

$$\alpha = \beta \quad \Leftrightarrow \quad a = c,\ b = d$$

② **足し算や引き算**は、実数部分どうし、虚数部分どうしをそれぞれ足したり引いたりする。

$$\alpha + \beta = (a + c) + (b + d)i、$$
$$\alpha - \beta = (a - c) + (b - d)i$$

③ **かけ算や割り算**は、普通の文字式と同じように計算し、i^2 が出てくると -1 で置き換える。

$$\alpha\beta = (a + bi)(c + di) = ac + (ad + bc)i + bdi^2$$
$$= ac - bd + (ad + bd)i$$

分母と分子に $c - di$ をかけて、分母が i を含まない形にします

なお、割り算は次のように計算すればよい。

$$\frac{\alpha}{\beta} = \frac{a + bi}{c + di} = \frac{(a + bi)(c - di)}{(c + di)(c - di)} = \frac{ac + bd}{c^2 + d^2} + \frac{bc - ad}{c^2 + d^2}\,i$$

図3-5　複素数の計算

（例）

$1+3i$ と $2+i$ について、

足し算　$(1+3i)+(2+i)=(1+2)+(3+1)i=3+4i$

引き算　$(1+3i)-(2+i)=(1-2)+(3-1)i=-1+2i$

かけ算　$(1+3i)\times(2+i)=1\times2+(1\times1+3\times2)i$

$+3i\times i=2+7i-3=-1+7i$

割り算　$\dfrac{1+3i}{2+i}=\dfrac{(1+3i)(2-i)}{(2+i)(2-i)}=\dfrac{2+5i+3}{4-(-1)}$

$=\dfrac{5+5i}{5}=1+i$

少し計算を省略してあるのでわかりにくいけど、
普通のように計算して、
i^2 が出てくると -1 で置き換えればよい
のですね！

図3-6

決まりを考えます。

計算例を図3－6に示しました。図3－7のような計算の決まりに従うと、複素数でも次のような「演算の規則」が成り立つことがカンタンにわかります。

複素数の計算と複素数平面

複素数の計算についてのこのような決まりは、これ以外にはないという唯一の決まりであるといえます。

というのも、複素数は実数を含み実数の延長上に考えられた数なので、当然ながら実数についての計算の決まりと矛盾するものであってはならないからです。

けれども、複素数という平面的な数へと拡張されると、たとえ同じ性質の計算の決まりであっても、実数のときには見えていなかったことがいろいろと明らかになってきます。

複素数の計算の決まりが持ついろいろな性質を考えるために、複素数の計算と複素数平面上の点の動きとの関係について調べてみましょう。

結合法則	（加法）	$(\alpha+\beta)+\gamma=\alpha+(\beta+\gamma)$
	（乗法）	$(\alpha\beta)\gamma=\alpha(\beta\gamma)$
交換法則	（加法）	$\alpha+\beta=\beta+\alpha$
	（乗法）	$\alpha\beta=\beta\alpha$
分配法則		$\alpha(\beta+\gamma)=\alpha\beta+\alpha\gamma$

図3-7

まず、複素数の足し算（や引き算）と複素数平面上の点の動きとの関係について。

たとえば、$1+3i$と$2+i$の足し算

$$(1+3i)+(2+i)=3+4i$$

について、考えてみましょう（図3－6で出てきた足し算です）。

すると、複素数平面上では、原点Oと、$1+3i$、$2+i$が表す点とをそれぞれ結んだ線分からできる平行四辺形の残りの頂点が、足し算の答えの$3+4i$を表す点になっていることがわかります。

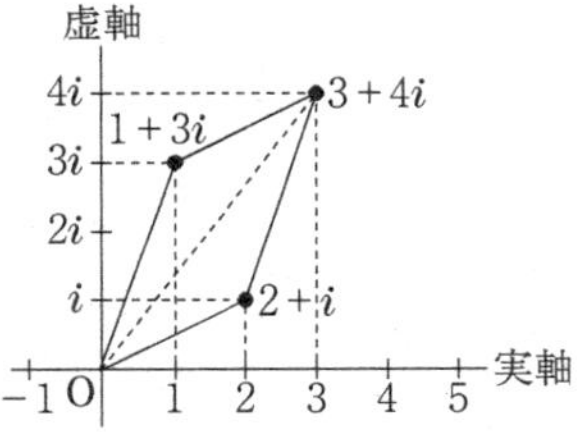

図3-8

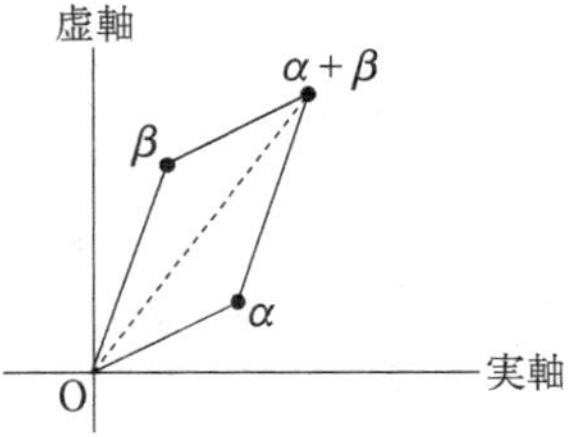

図3-9

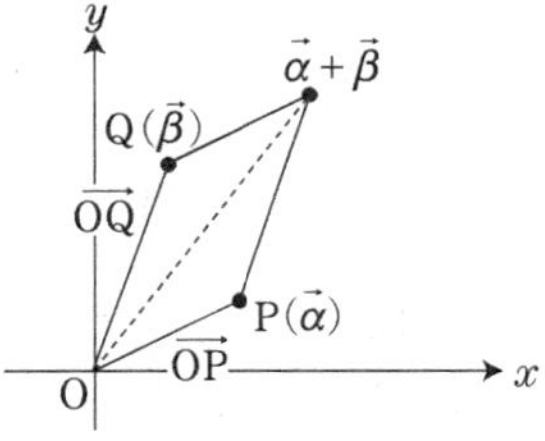

図3-10

同じように考えると、一般に、複素数αとβの足し算が表す点$\alpha+\beta$は、原点Oと点αを結ぶ線分と原点Oと点βを結ぶ線分を2つの辺とする平行四辺形の残りの頂点になります。

これは、ベクトルの足し算の場合ときわめてよく似ています。ベクトルの場合、2つのベクトル$\vec{\alpha}$と$\vec{\beta}$の和$\vec{\alpha}+\vec{\beta}$が表す点は、それぞれのベクトルが表す点PとQ（いわゆる位置ベクトル）に対して、$\overrightarrow{OP}$と$\overrightarrow{OQ}$を2辺とする平行四辺形の残りの頂点に対応します。

特に、複素数のかけ算について

こう見てくると、複素数とベクトルは性質が同じなのではないかという考えが出てきそうです。

しかし、足し算（や引き算）についてはまさによく似ているのですが、かけ算になるとまったくちがってきます。

ベクトルの場合、そもそもベクトルどうしの「かけ算」はありません。後述しますように、ベクトルの内積がありますがちょっとちがいます。

一方、複素数では、かけ算の結果も複素数です。

その上、複素数は、かけ算においてきわめて特徴的な性質を持っているのです。この点については、次節の「05　複素数の乗法と回転」において詳しく調べますが、とりあえずここで、複素数をかけるとどうなるかを簡単に見ておきましょう。

たとえば、$1+3i$と$2+i$のかけ算について、複素数平面上で調べてみましょう（120ページの図3－6で出てきたかけ算です）。

$$(1+3i)\times(2+i)$$
$$=-1+7i$$

2つのかける数$1+3i$、$2+i$と、かけた答え$-1+7i$を複素数平面上にかくと、図3－11のようになります。

この図で、原点Oとそれぞれの数とを結んだ線分と実軸の間の角ア、イ、ウを分度器で測ってみましょう。

すると、図のアの角は約27°、イの角は約71°、ウの角は約98°で、27°＋71°＝98°つまり、ア＋イ＝ウが成り立ちます。

このように、複素数のかけ算では、線分と実軸の間の角度について2つのかける数に対する角の和＝かけた答えに対する角が成り立ちます。

なお、線分の長さについて、

$$\sqrt{10} \times \sqrt{5} = \sqrt{50}$$

つまり、

（2つのかける数に対する線分の長さの積）＝（かけた答えの線分の長さ）

このように、複素数は、足し算（や引き算）のときにはあまり特徴はないものの、かけ算において、ベクトルとは異なる独自の性質を示すのです。

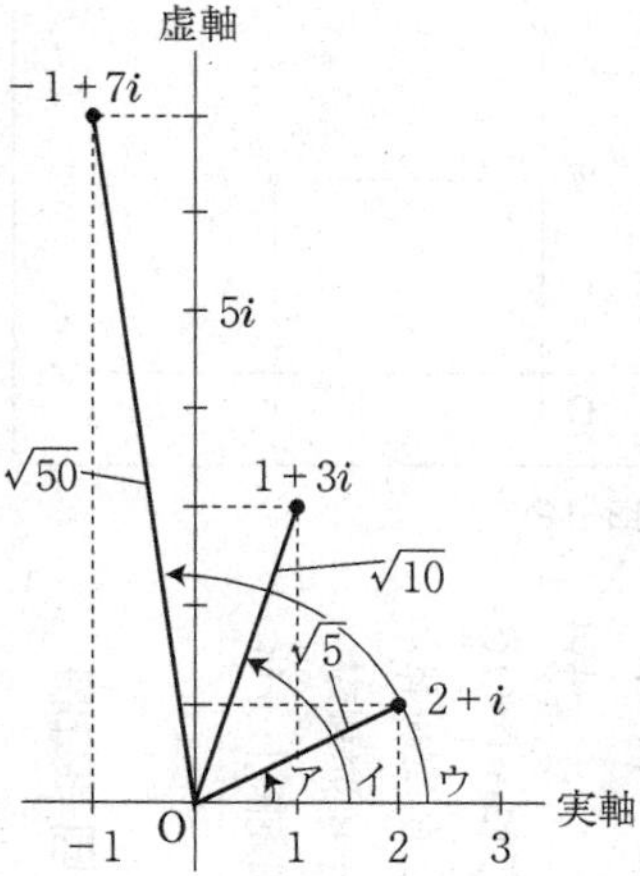

図3-11

座標平面―ベクトルと平面―複素数平面

ところで、複素数平面とベクトルの平面との関係にもまして、「座標平面」との関係を理解することも大切です。複素数 $x+yi$ と複素数平面上の点 (x, y) を対応させるという考え方を初めて目にした多くの人は、まず「座標平面」のことを思い浮かべ、「座標平面と同じ」と考えたと思います。

そこで、座標平面、ベクトルと平面、複素数平面の3つの考え方のどこが同じでどこが根本的にちがうのかを、ここで取り上げておきます。その前に、座標平面とベクトルと平面の考え方について、簡単にまとめておきましょう。

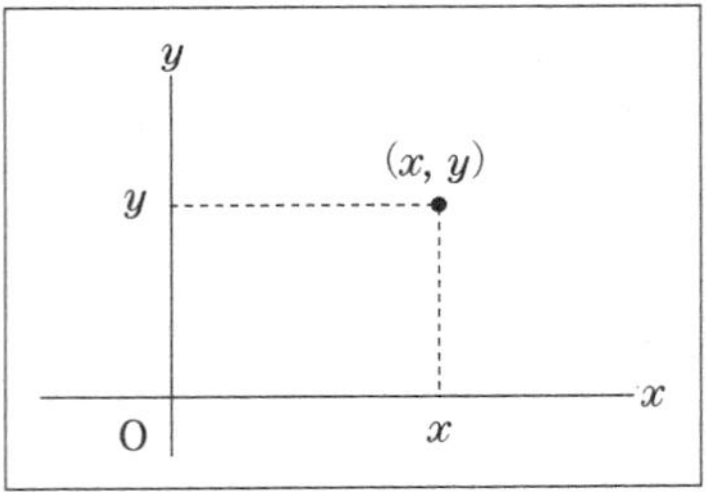

図3-12

座標平面

垂直に交わる2本の数直線 x 軸と y 軸で作られる平面を考え、x 軸の座標が x, y 軸の座標が y である点 (x, y) と、実数の組 (x, y) とを対応させるものです（図3－12）。x と y の関係は、式などで示します。

また、実数の組どうしの演算（和や積）は想定していないのと同じように、点どうしの演算も考えません。

ベクトルと平面

ベクトルとは、長さと方向を持った線分のことです。

このベクトル$\vec{p}$の根っこを座標平面の原点に重ねたとき、ベクトルの先端と一致する座標平面上の点Pが決まります。

この点Pをベクトルと同一視すると、ベクトルを座標平面に表すことができます（図3－13）。

これを「位置ベクトル」といいます。

また、この点の座標をベクトルと同じとみなします。

これを「ベクトルの成分表示」といい、$\vec{p}=(x, y)$などと表します。

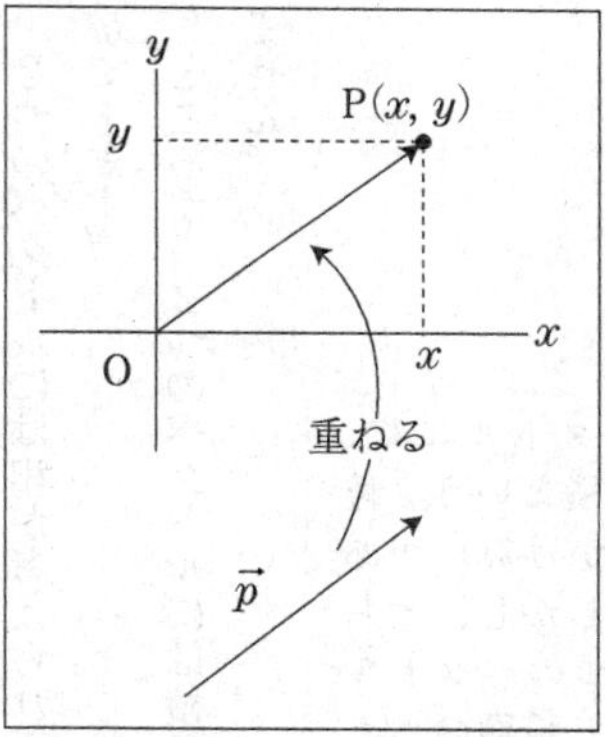

図3-13

2つのベクトルには和が考えられるので、それに対応して、点どうしの和を考えることができます。
ところが、2つのベクトルには積（かけ算）が考えられないので、点どうしの積はありません。

実は、ベクトルには、内積と外積という2種類の積（かけ算）があります。しかし、どちらも、2つのベクトルの積は同じ種類のベクトルにはならないので、点どうしの積の結果というものはないのです。
ベクトル$\vec{p}$と$\vec{q}$のなす角をθとすると内積
$\vec{p}\cdot\vec{q}=|\vec{p}||\vec{q}|\cos\theta$

3つの平面の特徴比べ

これら3つの平面を比べると、図3－14のようになります。
いずれにしても、各平面にはそれぞれ独自の特徴があります。

実数と複素数のちがい

実数から複素数へと拡大され、それにともなって複素数平面が考えられました。いま見たのは、複素数平面と座標平面やベクトルの平面との類似点や相違点についてでした。こんどはもとにもどり、複素数ともとの実数との類似点や相違点について、少し調べてみます。

実数については、次のように特徴づけることができます。

実数…数直線上に表すことのできる、直線的（1次的）な数

これに対して、複素数は次のような数だといえます。

複素数…複素数平面上に表すことのできる、平面的（2次元的）な数

ところで、実数と複素数には、どちらにも「絶対値」という「大きさ」があります。すなわち、原点から数aまでの距離を、その数aの絶対値といい、$|a|$と表します。

では「距離」とは何か？　というと説明は困難ですが、ここではもう前提にしておきます。数直線で目盛りを考えたとき、すでにキョリは考えられていることになります。

特徴

x と y の関係はきわめて自由であり、相互に独立している。
x と y の関係や、点どうしの関係は、式などで表される。

備考）
点どうしの和や積などは考えられない。
解析学や解析幾何学へと発展する。

特徴

点 (x, y) を表す x と y は、$i^2 = -1$ を満たす特殊な記号 i で結ばれている。
そのため、x と y の間には独自の関係があり、**点 (x, y) は実質的に1つの数として動く**。

備考）
点を表す複素数自体が演算の項となりうるので、点どうしの和や積が考えられる。
複素関数論へと発展。

特徴

ベクトルの性質（ベクトルの演算、内積、行列との積など）と関連の深い点の動きの性質がおもな対象となる。

備考）
点どうしの和は考えるが、積は考えない。
線形代数や1次変換へと発展する。

座標平面

実数の組 $(x,\ y)$ と座標平面上の点 $(x,\ y)$ を同一視する。

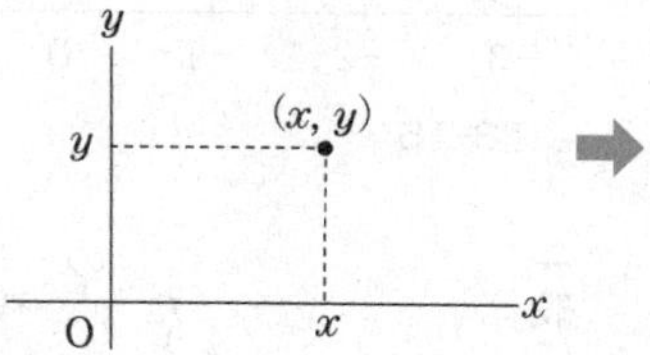

複素数平面

複素数 $x+yi$ と複素数平面上の点 $(x,\ y)$ を同一視する。

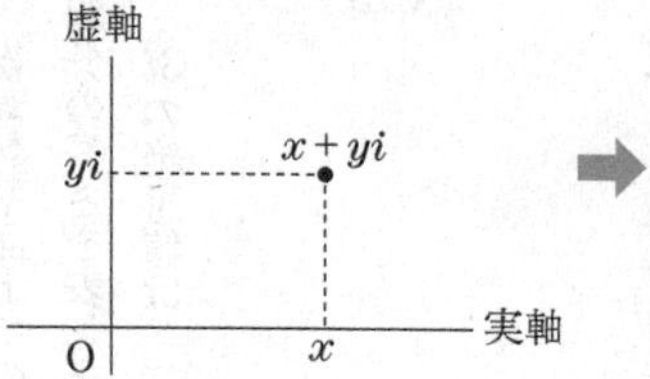

ベクトルと平面

ベクトル $\vec{p}$ と座標平面上の点 $(x,\ y)$ を同一視する。

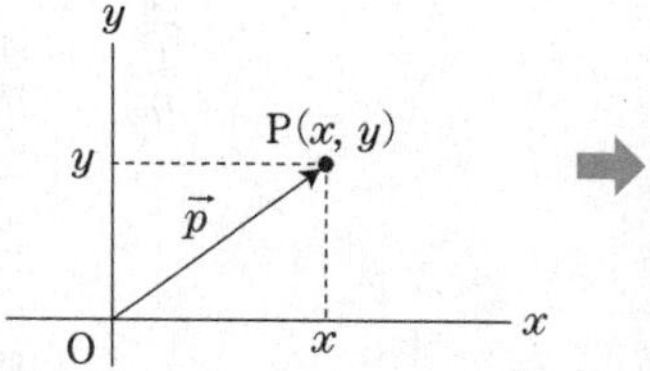

図3-14

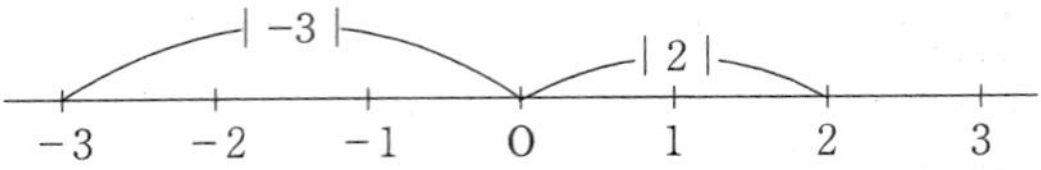

図3-15

実数の場合、絶対値とは、数直線上での原点からの距離のことで、たとえば、

$|2| = 2$、$|-3| = 3$

つまり、数から正負の符号をとったものです。

複素数の場合、複素数平面上での原点からの距離のことで、原点とその点とを結んだ線分の長さを表します。

たとえば、$2+3i$の絶対値は、三平方の定理より、

$$|2+3i| = \sqrt{2^2+3^2} = \sqrt{13}$$

一般に、

なお、複素数 $z = a + bi$ に対して、$a - bi$ を共役《きょうやく》な複素数といい、$\overline{z}$ で表します。

$$z = a + bi$$
$$\Rightarrow \quad |z| = z\overline{z} = \sqrt{a^2 + b^2}$$

$$|z| = z\overline{z}$$

つまり、図3−17が成り立ちます。

複素数には大小関係がない

このように、実数にも複素数にも、絶対値という「大きさ」があります。

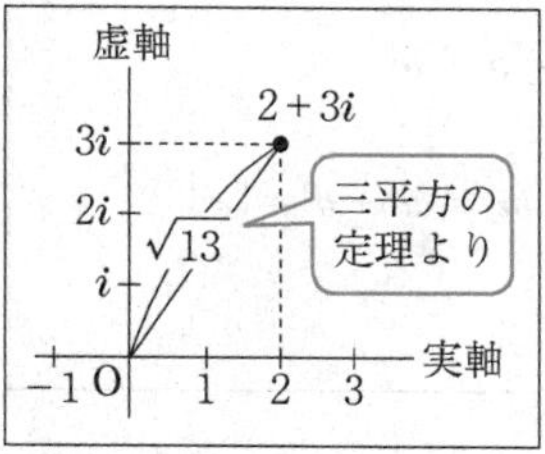

図3-16

$$z = a + bi \Rightarrow \overline{z} = a - bi$$

このとき、

$$z\overline{z} = (a + bi)(a - bi) = a^2 + b^2 = |z|^2$$

だから、

$$z\overline{z} = |z|^2$$

図3-17

しかし、絶対値は数の大きさそのものではありません。実際、複素数には「大きさ」がなく、したがって、複素数では大小関係がないのです。

これは、数を実数から複素数へと拡張したときに失われる重大な特徴だといえます！

まず、実数の場合には大小関係があります。すなわち、どの実数も数直線上に並べることができて、右側の数ほど大きいと決めてやれば、大小の関係を作ることができます。

ところが、複素数は複素数平面上に散らばっていて、一列に並べることはできないので、大小の関係を作ることができません（図3－18）。

たとえば、大小関係の原理をガラッと変えて、「絶対値が大きいほうがその数自体も大きい」というように決めるとします（図3－18の右下の図）。

しかし、そのように決めることはできなくはないけど、あまり意味がないのです。

実数の場合、数直線上で、次の㋐、㋑、㋒の数の大小関係はすぐにわかります。

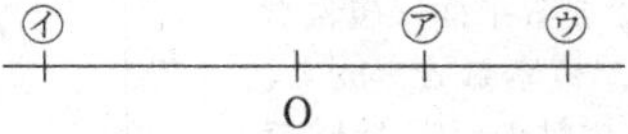

ところが、複素数平面の場合、右の㋐、㋑、㋒の数の大小関係はわかりません。

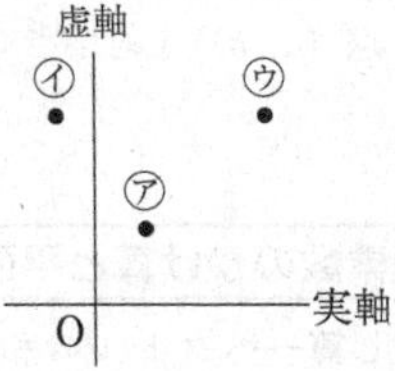

図3-18

数学では、「順序関係がある」という場合、次のようなことが成り立つ場合を考えます。

① $x \geqq x$　反射律

② $x \geqq y$、$y \geqq x$ ならば $x = y$　対称律

③ $x \geqq x$、$y \geqq z$ ならば $x = z$　推移律

図3－18の右下の図のように、絶対値の大小関係で数自体の大小関係を定義しようとすると、②が成り立たないのです。

複素数の性質のまとめ

ここで、これまで調べてきたことをまとめておきましょう。

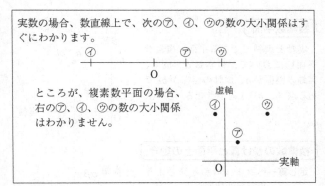

複素数平面

実軸と虚軸でできる平面（複素数平面）において、複素数 $a+bi$ と、実軸の座標が a、虚軸の座標が bi である点（a, b）を対応させる。

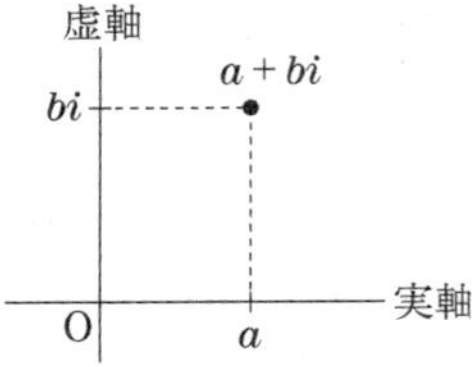

複素数のかけ算と平面上の動き

足し算→ベクトルの和と同じように平行四辺形を作る

かけ算→かけ算は角度の足し算に対応する

図で角ア＋角イ＝角ウ

絶対値の積　$|\alpha\beta|=|\alpha||\beta|$

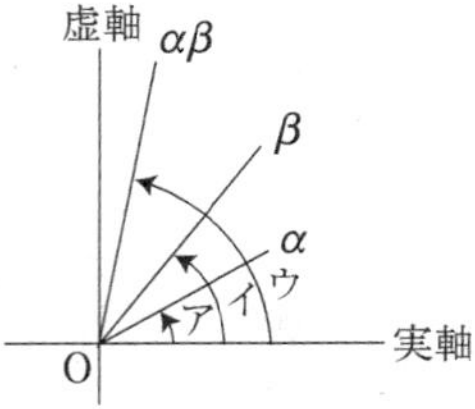

複素数と複素数平面の特徴

点（x, y）を表す x と y は、i で結ばれている。

そのため、複素数 $z=x+yi$ は独立した2つの数 x と y の組合せではなく、**実質的に1つの数**として動く。

複素数の絶対値と大小関係

原点から点 z までの距離を z の**絶対値**といい、$|z|$ で表す。

複素数には大きさがなく、大小関係は考えない。

$|z|=z\overline{z}$

複素数の定義

実数 a、b に対して、

$$a+bi \quad (i^2=-1)$$

と表される数を**複素数**という。

また、a を「**実数部分**」、b を「**虚数部分**」という。

複素数の計算の決まり

2つの数 $\alpha=a+bi$、$\beta=c+di$ について、

① **α と β の相等**　$\alpha=\beta \Leftrightarrow a=c$、$b=d$

② **足し算や引き算**　$\alpha+\beta=(a+c)+(b+d)i$、

$\alpha-\beta=(a-c)+(b-d)i$

③ **かけ算や割り算**　普通の文字式と同じように計算。

i^2 が出てくると -1 で置き換える。

$$\alpha\beta=(a+bi)(c+di)=ac-bd+(ad+cd)i$$

$$\frac{\alpha}{\beta}=\frac{a+bi}{c+di}=\frac{(a+bi)(c-di)}{(c+di)(c-di)}=\frac{ac+bd}{c^2+d^2}+\frac{bc-ad}{c^2+d^2}i$$

（注）**結合法則**、**交換法則**、**分配法則**などが成り立つ。

図3-19

05 複素数の乗法と回転
～複素数をかけること

特別な角の複素数をかけると

124ページにおいて、複素数をかけると、その数と実軸とのなす角は足し算になるということを、実際に角度を分度器で測って確認しました。

ここで、複素数のかけ算と角度の足し算との関係を、分度器を使って実測するというやり方ではなく、30°、45°、90°などの特別な角度の場合について、計算で確かめておきましょう。

虚数iをかけると（90°の場合）

はじめに、虚数iをかける場合について調べます。

iは虚軸上の点で、実軸とのなす角は90°です。

この虚数iを、実軸上の点2に順にかけると、次のように変わっていきます。

$$2 \xrightarrow{\times i} 2i \xrightarrow{\times i} -2 \xrightarrow{\times i} -2i \xrightarrow{\times i} 2$$

$$2i \times i = 2i^2 = 2 \times (-1) = -2$$

このようすを複素数平面上に図示すると、図3-20のようになり、点はちょうど90°ずつ回転しているのがわかります。

これは、点2以外のどんな数αにiをかけた場合でも同じであり、その数αはやはり90°ずつ回転します。

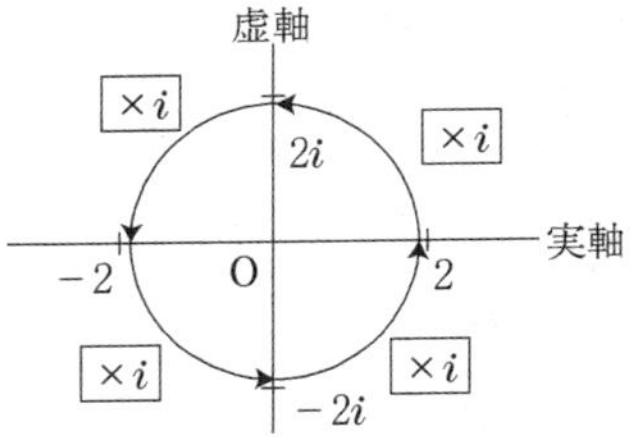

図3-20

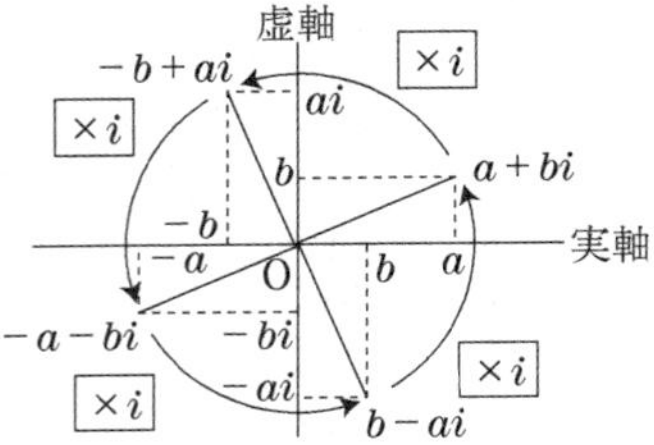

図3-21

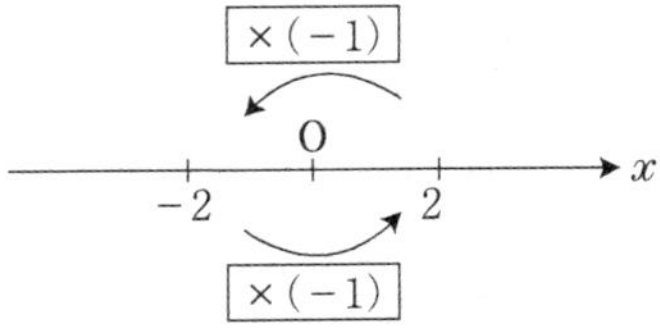

図3-22

ここで、数直線において、実数2に負の数−1をかける場合を考えてみましょう。

−1は、数直線上において、正の向きとのなす角が180°の点だと考えられます。そして、2に−1をかけていくと、

$$2 \xrightarrow{\times(-1)} -2 \xrightarrow{\times(-1)} 2$$

$$-2\times(-1)=2$$

図3−22のように変化し、点2は180°ずつ回転（折り返し）しているのがわかります。

特別な角の複素数

次に、実軸とのなす角が30°、45°、60°などの複素数をかけるとどうなるかを計算で調べることにします。

その前に、実軸とのなす角が30°、45°、60°などの複素数を求めておきましょう。

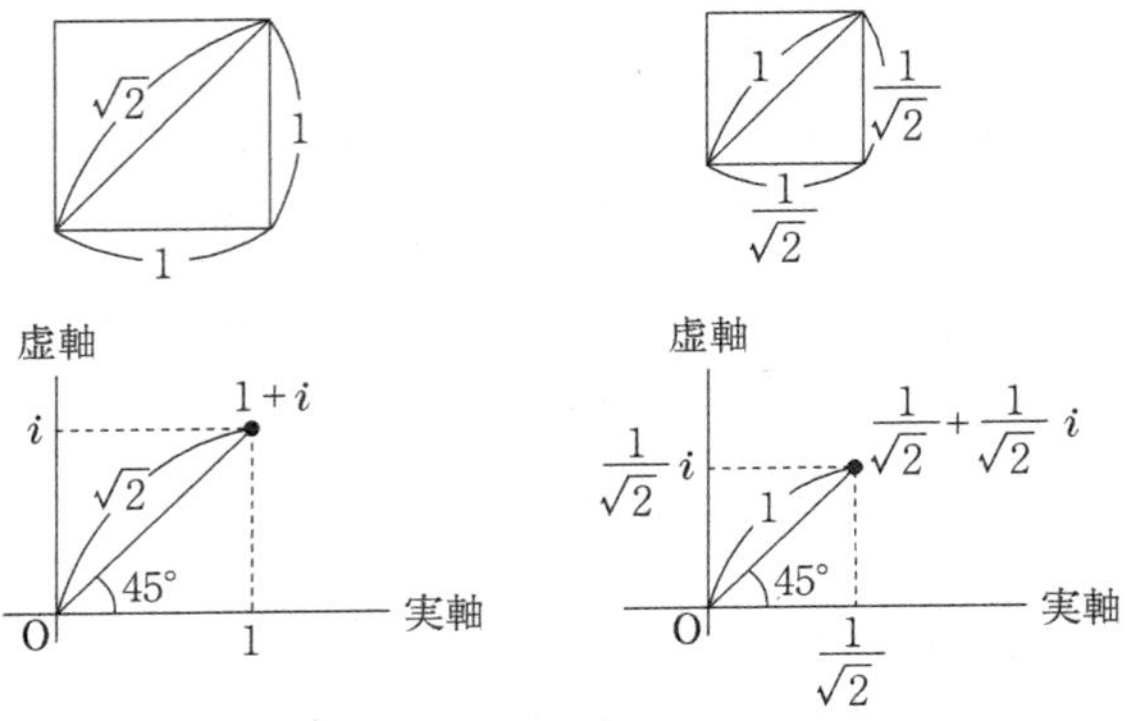

図3-23　45°の複素数

(1)なす角が45°の複素数

正方形に対角線を引くと45°の角ができて、辺の長さの比が$1:1:\sqrt{2}$や$\frac{1}{\sqrt{2}}:\frac{1}{\sqrt{2}}:1$になることから、実軸とのなす角が45°の複素数は、

$$1+i$$

や

$$\frac{1}{\sqrt{2}}+\frac{1}{\sqrt{2}}i$$

（絶対値が1の場合）

などであることがわかります。

(2)なす角が30°や60°の複素数

正三角形を半分にすると、30°や60°の角ができて、辺の長さの比が$2:1:\sqrt{3}$や$1:\frac{1}{2}:\frac{\sqrt{3}}{2}$になることから、実軸とのなす角が30°の複素数は、

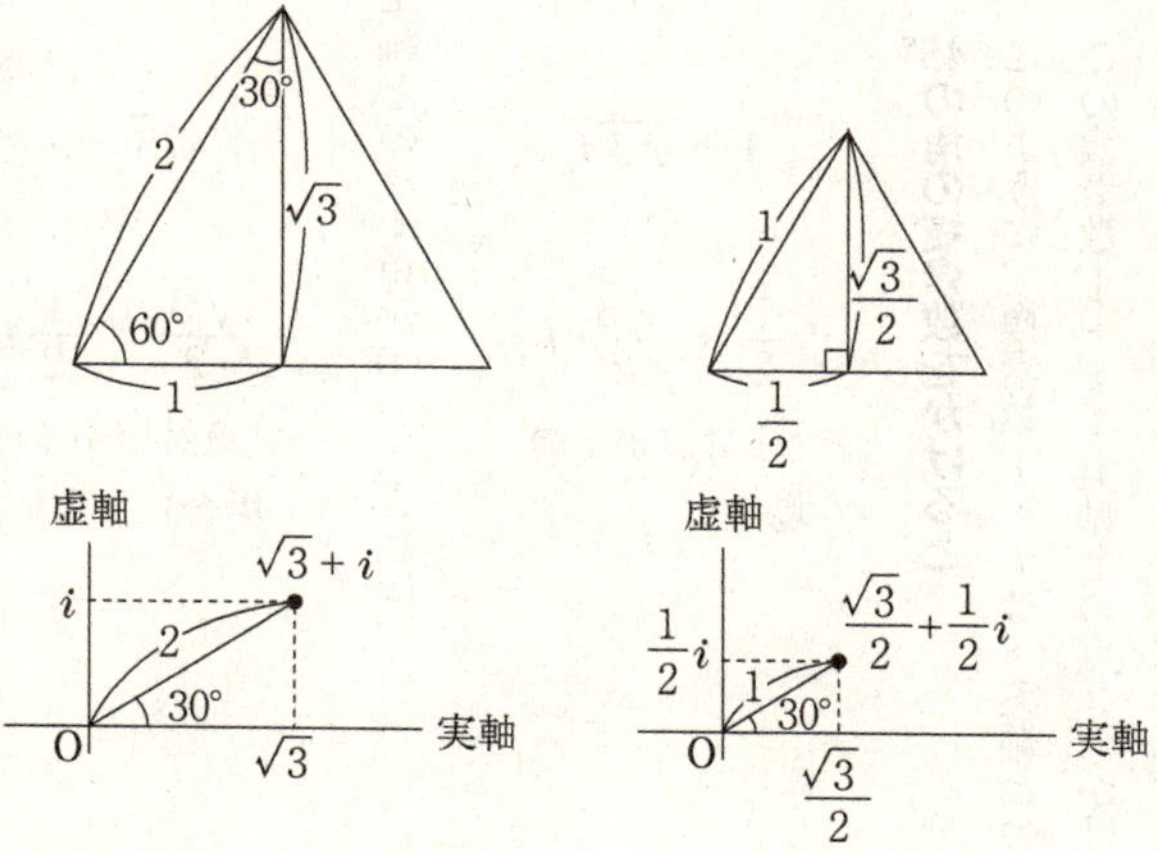

図3-24　30°の複素数

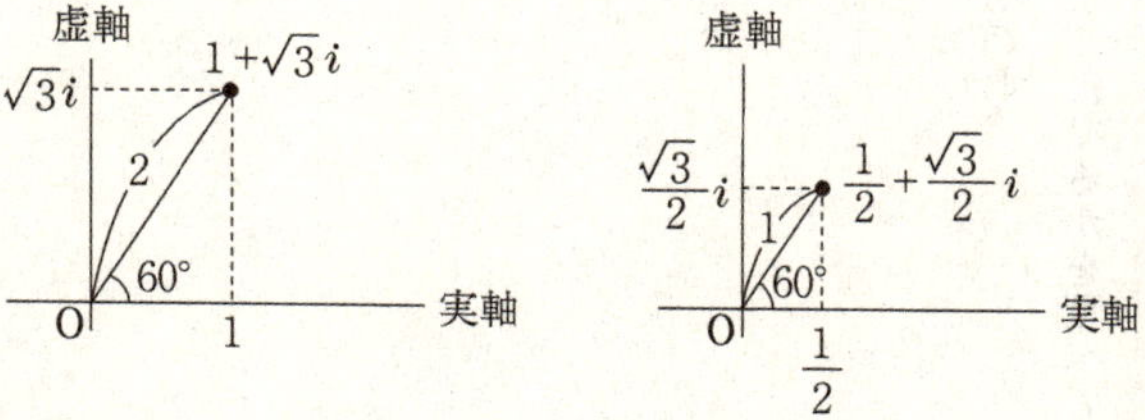

図3-25　60°の複素数

実軸とのなす角が60°の複素数は、

$$\sqrt{3}+i$$

や

$$\frac{\sqrt{3}}{2}+\frac{1}{2}i$$

（絶対値が1の場合）

$$1+\sqrt{3}i$$

や

$$\frac{1}{2}+\frac{\sqrt{3}}{2}i$$

（絶対値が1の場合）

45°の角の複素数をかけると

このように、複素数$1+i$は、実軸とのなす角が45°です。

この複素数$1+i$を実軸上の点2にかけるとどのようになるかを調べてみましょう。

$1+i$を2に順にかけると、次のように変わっていきます。

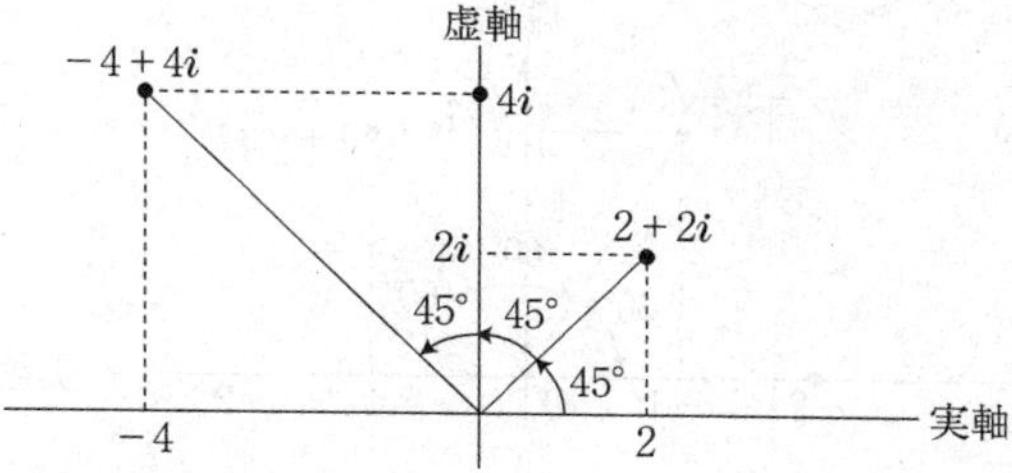

図3-26

$$2 \xrightarrow{\times(1+i)} 2+2i \xrightarrow{\times(1+i)} 4i \xrightarrow{\times(1+i)} -4+4i$$

$$(2+2i)\times(1+i)$$
$$=(2-2)+(2+2)i=4i$$

このようすを複素数平面上に図示すると図3－26のようになり、点は45°ずつ回転していることがわかります。

なお、絶対値は、$2 \to 2\sqrt{2} \to 4 \to 4\sqrt{2}$のように、$\sqrt{2}$ずつ大きくなっています。

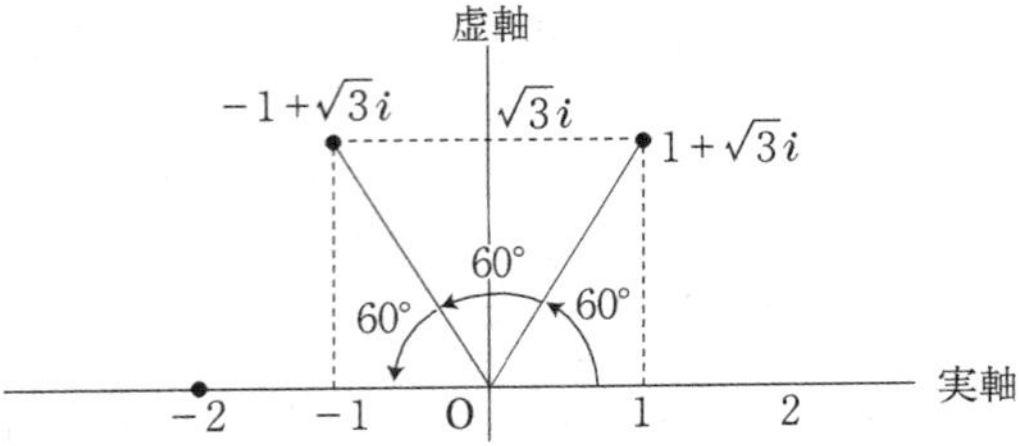

図3-27

60°の角の複素数をかけると

複素数

$$\alpha=\frac{1}{2}+\frac{\sqrt{3}}{2}i$$

は、実軸とのなす角が60°で絶対値は1です。この複素数αを実軸上の点2にかけるとどのようになるかを調べてみましょう。

αを2に順にかけると、次のように変わっていきます。

$$2 \xrightarrow{\times\alpha} 1+\sqrt{3}\,i \xrightarrow{\times\alpha} -1+\sqrt{3}\,i \xrightarrow{\times\alpha} -2$$

$$(1+\sqrt{3}i)\times\left(\frac{1}{2}+\frac{\sqrt{3}}{2}i\right)$$
$$=\left(\frac{1}{2}-\frac{3}{2}\right)+\left(\frac{\sqrt{3}}{2}+\frac{\sqrt{3}}{2}\right)i$$
$$=-1+\sqrt{3}i$$

このようすを複素数平面上に図示すると図3－27のようになり、点は60°ずつ回転していることがわかります。

なお、絶対値は2のままです。

〔**sin、cos のカンタン・チェック**〕

右の直角三角形で、

$$\sin\theta = \frac{y}{r}$$

$$\cos\theta = \frac{x}{r}$$

これより、

$$x = r\cos\theta$$

$$y = r\sin\theta$$

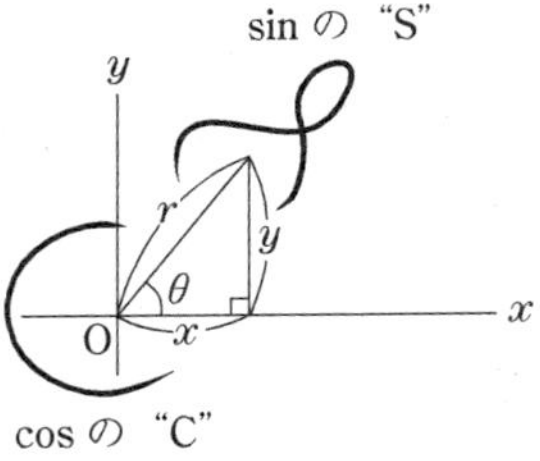

図3-28

極形式とは？

このように、30°や45°の特別な角の場合を調べてみても、複素数のかけ算→実軸とのなす角の足し算ということがいえそうであり、また、絶対値の間にも何か関係がありそうだ、ということが見えてきました。

そうなると、次の課題はそのあたりのことをしっかりと説明する（証明する）ことですが、そこで登場するのが、サイン、コサイン、つまり、三角関数です。

「図形の角について調べようとしているのだから、三角関数」というのは自然な発想です。

三角関数はニガテ！　という人も多いでしょうが、読んで理解するだけならハードルはそう高くないはずです。

「sin、cosのカンタン・チェック」を図3－28にまとめておきました。

さて、複素数

$$\alpha = x + yi$$

に対して、複素数平面上で複素数αを表す点をPとします。このとき、線分OPの長さをr、OPと実軸とのなす角をθとします。すると、αは次のように表されます。

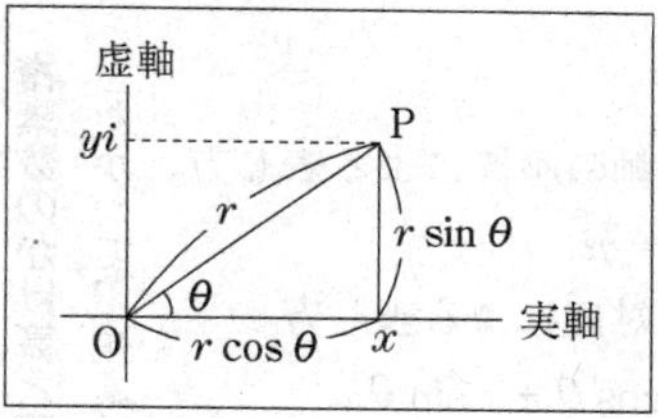

図3-29

$$\alpha = r(\cos\theta + i\sin\theta)$$

$$\alpha = \underbrace{r\cos\theta}_{x} + i\underbrace{r\sin\theta}_{y} = r(\cos\theta + i\sin\theta)$$

このような表し方を、「αの極形式による表示」といいます。

複素数のかけ算と回転

したがって、複素数の表し方には、

①実軸と虚軸の座標による表し方

$\alpha = x + yi$

②角度と絶対値による表し方

$\alpha = r(\cos\theta + i\sin\theta)$

の2通りあることになります。

①の座標による表し方は、x、yの変化が比較的自由であり、一般的な表し方だといえます。

2つの複素数α、βを、
$\alpha = r_1(\cos\theta_1 + i\sin\theta_1)$，$\beta = r_2(\cos\theta_2 + i\sin\theta_2)$
とすると、
$\alpha\beta = r_1r_2\{\cos(\theta_1 + \theta_2) + i\sin(\theta_1 + \theta_2)\}$

図3-30

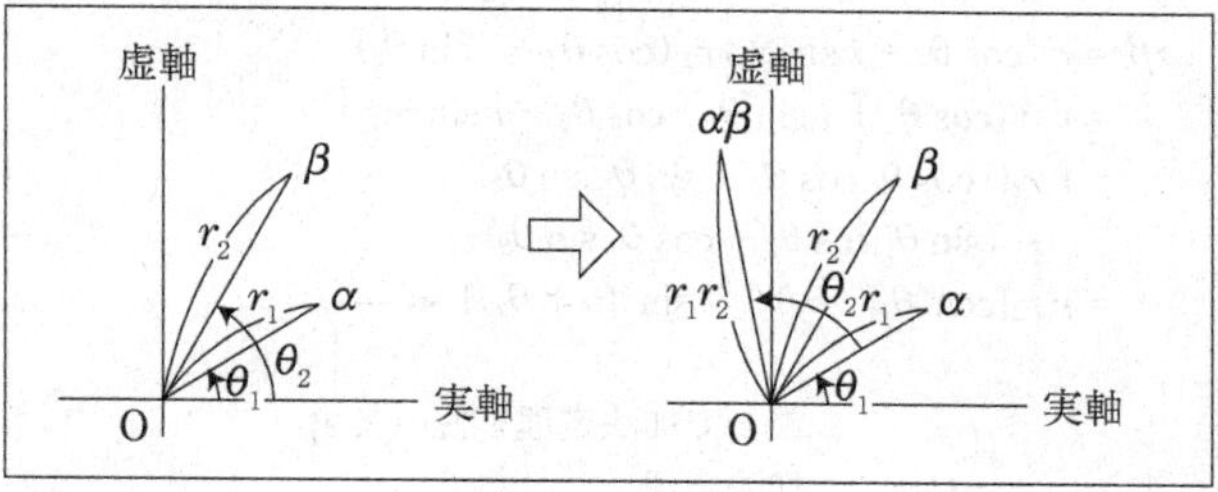

図3-31

極形式っていうのは、角度と射程を決めると目標点が決まる…何だか大砲の撃ち方みたい？

これに対して、②の極形式による表し方は回転系に強く、複素数の特性によく合っています。

ところで、②の極形式を利用すると、複素数のかけ算→実軸とのなす角の足し算ということの説明（証明）に決着を付けることができます。

すなわち、図3－30が成り立ちます。

この式は、αとβの積$\alpha\beta$は、

実軸とのなす角　→角どうしの和：θ_1とθ_2→$\theta_1+\theta_2$

絶対値について　→絶対値どうしの積：r_1とr_2→r_1r_2

図3-30が成り立つことは、地道に計算していくと示すことができます。ただし、途中で**「三角関数の加法定理」**（高校２年のときに学習します）というのを使います。

つまり、

$$\begin{aligned}\alpha\beta &= r_1(\cos\theta_1 + i\sin\theta_1)r_2(\cos\theta_2 + i\sin\theta_2)\\ &= r_1r_2(\cos\theta_1 + i\sin\theta_1)(\cos\theta_2 + i\sin\theta_2)\\ &= r_1r_2\{(\cos\theta_1\cos\theta_2 - \sin\theta_1\sin\theta_2)\\ &\qquad + (\sin\theta_1\cos\theta_2 + \cos\theta_1\sin\theta_2)i\}\\ &= r_1r_2\{\cos(\theta_1 + \theta_2) + i\sin(\theta_1 + \theta_2)\}\end{aligned}$$

ここで加法定理を使います。

加法定理

$$\cos\theta_1\cos\theta_2 - \sin\theta_1\sin\theta_2 = \cos(\theta_1 + \theta_2)$$

$$\sin\theta_1\cos\theta_2 + \cos\theta_1\sin\theta_2 = \sin(\theta_1 + \theta_2)$$

図3-32

ということを示しています。

ド・モアブルの定理（*n*乗）と*n*乗根

図3－30の公式

$$\alpha = r_1(\cos\theta_1 + i\sin\theta_1),$$
$$\beta = r_2(\cos\theta_2 + i\sin\theta_2)$$

のとき、

$$\alpha\beta = r_1r_2\{\cos(\theta_1+\theta_2)+i\sin(\theta_1+\theta_2)\}$$

で、それぞれの複素数α、βの絶対値が1とします。

すると、$r_1=r_2=1$なのでこの公式は図3－33のようになります。

$$(\cos\theta_1 + i\sin\theta_1)(\cos\theta_2 + i\sin\theta_2)$$
$$= \cos(\theta_1 + \theta_2) + i\sin(\theta_1 + \theta_2)$$

図3-33

すなわち、絶対値どうしの積は1のままなので、複素数の絶対値が1のとき、複素数の積は、角どうしの和だけを計算すればよいということになります。

とくに、2つの角θ_1とθ_2が同じとき、つまり、同じ数$\cos\theta+i\sin\theta$どうしをかけるとき、

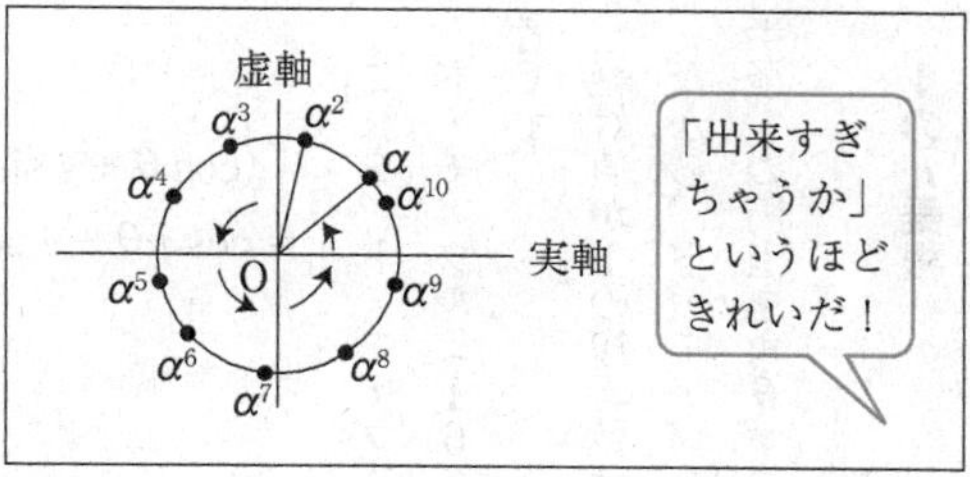

図3-34

$$(\cos\theta + i\sin\theta)^2$$
$$= \cos 2\theta + i\sin 2\theta$$

これを繰り返すと、

$$(\cos\theta + i\sin\theta)^3$$
$$= \cos 3\theta + i\sin 3\theta$$
$$(\cos\theta + i\sin\theta)^4$$
$$= \cos 4\theta + i\sin 4\theta$$
$$\vdots$$

したがって、一般に、nが整数のとき、

$$(\cos\theta + i\sin\theta)^n = \cos n\theta + i\sin n\theta$$

これを、ド・モアブルの定理といいます。

ド・モアブル（1667〜1754）は、オイラーよりも40年ほど前のフランスの数学者です。

絶対値が1の複素数は、半径が1の円の上にあります。

だから、ド・モアブルの定理によれば、αの2乗、3乗、…を複素数平面上に示すには、半径1の円上を角θずつ回転していけばよいのです。

1のn乗根

n乗すると1になる数を、1のn乗根といいます。

つまり、1のn乗根とは、$z^n=1$を満たす数のことです。

ド・モアブルの定理を使うと、1のn乗根を簡単に求めることができます。

たとえば、1の11乗根（$z^{11}=1$）を求めてみましょう。

$z=\cos\theta+i\sin\theta$とします。

まず、$\theta=\dfrac{360°}{11}$とすると、

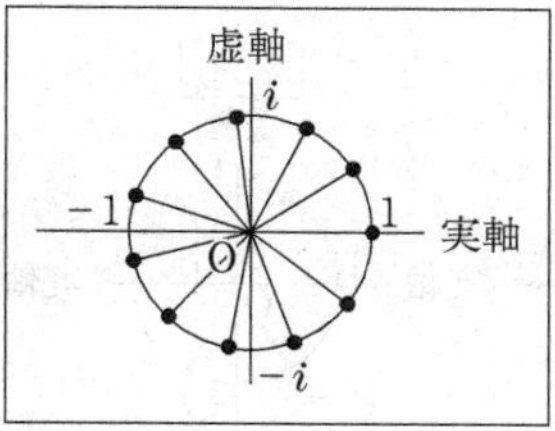

図3-35

$$z^{11}=\left(\cos\frac{360°}{11}+i\sin\frac{360°}{11}\right)^{11}$$
$$=1$$

ド・モアブルの定理より

$$z^{11}=\left(\cos\frac{360°}{11}+i\sin\frac{360°}{11}\right)^{11}$$
$$=\cos\frac{360°}{11}\times 11+i\sin\frac{360°}{11}\times 11$$
$$=\cos 360°+i\sin 360°=1$$

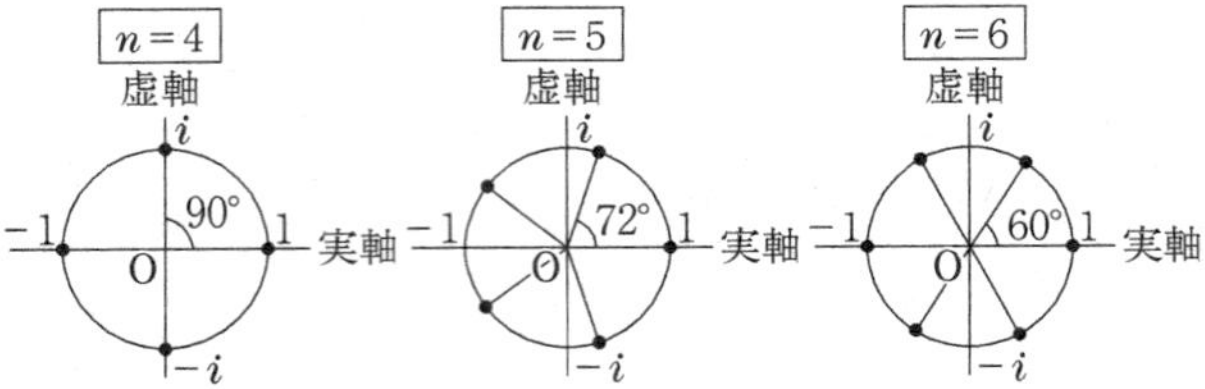

図3-36

より、$z^{11}=1$

同じように、$\theta=\frac{360°}{11}\times 2$、$\frac{360°}{11}\times 3$、…、$\frac{360°}{11}\times 11$としても、$z^{11}=1$。

このことから、実軸上の点1を含めて、半径1の円の周を11等分した11個の点が、1の11乗根だとわかります。

一般的なnについても考え方はまったく同じで、点1を含めて半径1の円の周をn等分した点が、1のn乗根だということになります。

(例) $n=4$、5、6のときを示すと、次のようになります。

とくに、$n=3$のとき、$z^3=1$を満たす数のうち、$z=1$でないものを「1の虚立方根」といい、ωで表します(ωは100ページでちょっと出てきました)。

図3-37より、

$$\omega = -\frac{1}{2} \pm \frac{\sqrt{3}}{2}i$$

この1の虚立方根は、普通の解き方で求めることもできます。

つまり、$z^3 = 1$ より、$z^3 - 1 = 0$

左辺を因数分解すると、

$$(z-1)(z^2+z+1) = 0$$

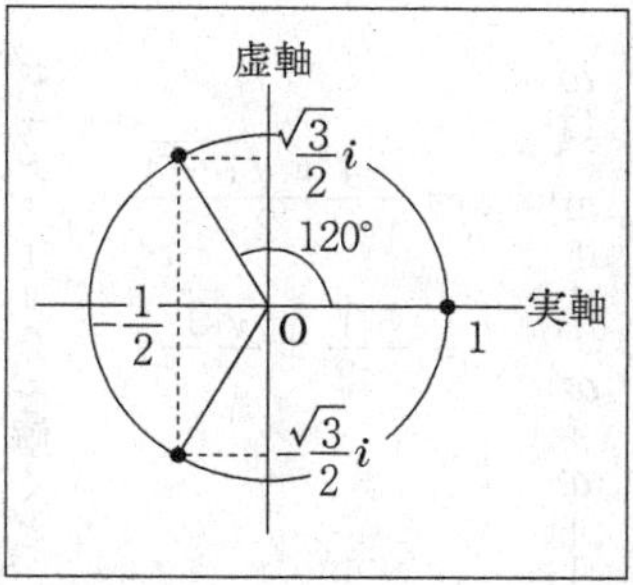

図3-37

$z^2+z+1=0$を解くと、

$$z=\frac{-1\pm\sqrt{1-4}}{2}$$
$$=-\frac{1}{2}\pm\frac{\sqrt{3}}{2}i$$

ωは、$\omega^3=1$、$\omega^2+\omega+1=0$などを満たします。

オイラーの公式

$$\cos\theta+i\sin\theta$$

で表される複素数には、かけ算→角の和という関係が付いていることを見てきました。

つまり、

$$F(x) = \cos x + i \sin x$$

とおくと、

$$F(x)F(y) = F(x+y)$$

が成り立ちます。

ところで、かけ算→和という関係が成り立つものには、他にもこころあたりがあります。それは、指数関数です。すなわち、a^xという式について、次の関係が成り立ちます。

$$a^x a^y = a^{x+y}$$

つまり、

$$G(x) = a^x$$

とおくと、

$$G(x)G(y) = G(x+y)$$

このことから、もしかすると、$\cos\theta + i\sin\theta$ と a^θ の間には何か関係があるのではないかと考える人がいたかもしれません。

このような類似点に啓発されたかどうかは知りませんが、とにかく、極形式で表された三角関数と指数関数が「等しい」ということを発見した人がいました。

それは、これまで何度か取り上げてきたオイラーでした。

オイラーは、指数関数 a^θ の a のところ（指数関数の「底」といいます）がネイピア数といわれる特別な数 e のときに、しかも指数が θ ではなくて $i\theta$ のときに、

$$e^{i\theta} = \cos\theta + i\sin\theta$$

が成り立つことを「発見」しました。

つまり、指数関数と三角関数は兄弟ないしは親子であるという、まったく予期しない秘密を暴露したのでした。

この意味でも、

$$\cos\theta + i\sin\theta$$

という極形式は、尋常ではない何かを秘めた式なのだといえるのではないでしょうか。

複素数の計算と図形

このように、複素数とは乗法（かけ算）に特徴のある、図形的に面白い動きをする数です。本節の最後に、次のような問題を考えてみましょう。答えはすぐあとのページにあります。

問題1

複素数α、βが複素数平面上で右の図3－38の位置にあるとき、$\beta-\alpha$を表す点はア、イどちらですか。

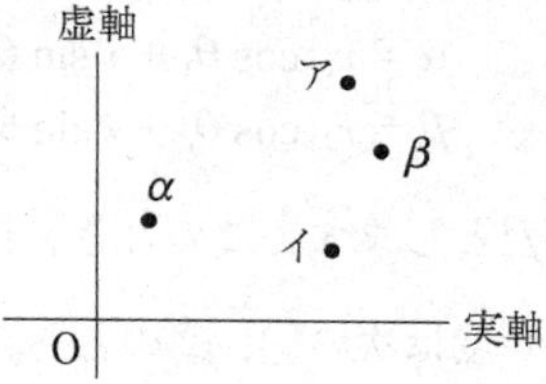

図3-38

問題2

複素数αを極形式で表すと

$$\alpha = r(\cos\theta + i\sin\theta)$$

だとします。

このとき、複素数$\dfrac{1}{\alpha}$を極形式で表すと、角度は次の①、②のどちらですか。

① $-\theta$　② $\dfrac{1}{\theta}$

問題3

複素数α、βを極形式で表すと、それぞれ

$$\alpha = r_1(\cos\theta_1 + i\sin\theta_1)$$
$$\beta = r_2(\cos\theta_2 + i\sin\theta_2)$$

だとします。このとき、複素数$\dfrac{\alpha}{\beta}$を極形式で表すと、角度は次の①、②のどちらですか。

① $\theta_1 - \theta_2$　　② $\dfrac{\theta_1}{\theta_2}$

問題4

複素数α、β、δが

$$(\beta - \alpha)(\delta - \alpha) = 1$$

を満たし、α、βが複素数平面上で右の図3－39の位置にあり、δを表す点がアかイのどちらかとすると、δを表す点はア、イどちらですか。

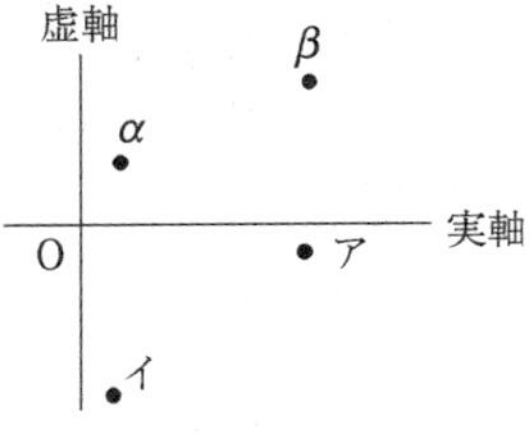

図3-39

〔問題１の答え〕

右の図３-40のように、点$\beta - \alpha$は、点αから点βまでの矢印（ベクトル$\overrightarrow{\alpha\beta}$）で表されます。これと同じ矢印の根元を原点Oにおいたとき、先端は点イのところにくるので、あてはまるのはイです。（答え）イ

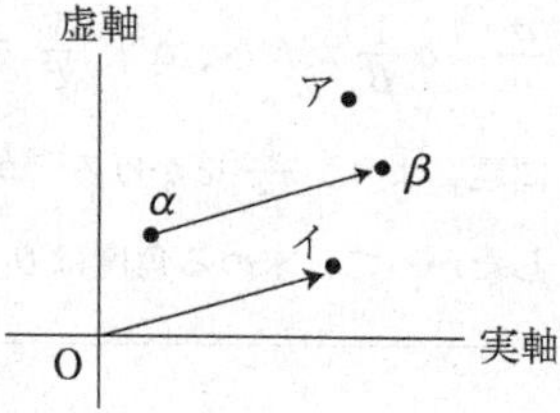

図3-40

〔問題２の答え〕

αと$\dfrac{1}{\alpha}$の積を計算すると、$\alpha\dfrac{1}{\alpha} = 1$

また、点１と実軸とのなす角は0°です。

したがって、$\alpha\dfrac{1}{\alpha} = 1$より、$\alpha$の角$\theta$と$\dfrac{1}{\alpha}$の角との和は0°

つまり、$\theta + \left(\dfrac{1}{\alpha}\text{の角}\right) = 0°$

だから、$\dfrac{1}{\alpha}$の角は、$0° - \theta = -\theta$　（答え）①

つまり、$\dfrac{1}{\alpha}$をかける（αで割る）と、角度はθだけ引きます。

〔問題3の答え〕

$\dfrac{\alpha}{\beta}=\alpha\dfrac{1}{\beta}$ だから、α と $\dfrac{1}{\beta}$ をかけると考えます。

問題2より、$\dfrac{1}{\beta}$ をかけると角度は θ_2 だけ引きます。

したがって、求める角度は $\theta_1-\theta_2$　　（答え）①

〔問題4の答え〕

問題1と同じように、$\beta-\alpha$ と $\delta-\alpha$ は、それぞれベクトル $\overrightarrow{\alpha\beta}$ と $\overrightarrow{\alpha\delta}$ と同じです。

したがって、$(\beta-\alpha)(\delta-\alpha)$ の角は、$\overrightarrow{\alpha\beta}$ と実軸がつくる角と $\overrightarrow{\alpha\delta}$ と実軸がつくる角の和です。

この角の和が、点1と実軸とのなす角の0°と同じになるから、$\overrightarrow{\alpha\beta}$ を実軸を折り目として折り返したものと $\overrightarrow{\alpha\delta}$ の向きは同じになります。

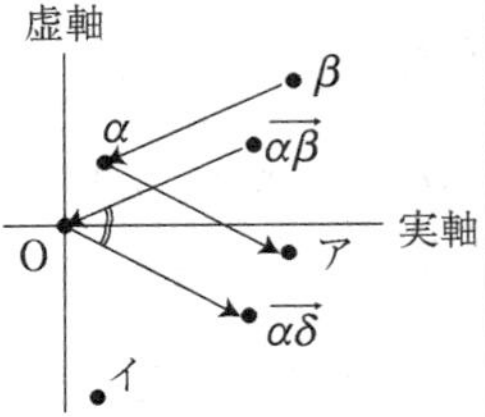

これにあてはまる点 δ は、図の点アです。　　（答え）ア

06 複素数とはどういう数か
～複素数を超える数は存在するか

実数を超えるただ1つの数

これまで見てきた複素数とは、実数に、$i^2=-1$を満たす数の単位iを加えて作った数です。

けれども、加える数の単位が$i^2=-1$を満たすものでなければならないとは限りません。「2乗すると負になる数」というのは人類が歴史的にたまたま出会ったものにすぎず、もしかするとまったく性質のちがうものをもとにした新しい数を作ることができたかもしれません。

あるいは、複素数にさらにj、k、…といった数の単位の記号を付け加えて、3次元、4次元、…へと拡張した数を作ることができないとも限りません。

もしそのような数が構築できるのであれば、複素数は人工的な数のうちの1つにすぎず、したがって、複素数の「実在性」といったものはまったくなくなってしまうことになります。

というわけで、複素数とはちがう種類の数を作ることはできないか、複素数を含むさらに次元の高い数を作ることはできないか、と多くの人たちが挑戦しましたが、誰も成功しませんでした。

結局、四則計算ができるような数の体系は、実数や複素数以外にはありえなかったのです。

つまり、実数 a、b、c、…、e、f と、i を含む新しい数の単位 i、j、k、…、m、n によって、

$$u = a + bi + cj + \cdots + em + fn$$

$u=a+bi+cj+\cdots+em+fn$
から、u^2、u^3、…、u^t を計算します。次にそれらの式から数の単位の i、j、…、m、n を消去すると、次のような実数を係数とする方程式が得られます。

$$p_0u^t+p_1u^{t-1}+\cdots+p_{t-1}u+p_t=0$$

この方程式をさらに変形して、それが必ず代数学の基本定理より複素数を解に持つことから、その解を α として、
$u=\alpha$ を示します。

と表される数の体系があると仮定しても、$u=\alpha$であるような複素数αが必ずあることを示すことができるのです。

つまり、新しい数の体系だと考えた数は、結局のところ複素数と同じものにすぎないということになって証明できてしまうのです。証明のポイントは、代数学の基本定理——複素数を係数とするn次の方程式は、必ず少なくとも1つの複素数の解をもつ——です。

このようにして、四則計算のできる数の体系は、実数と複素数しかないことがわかります。言い換えると、実数を超える数の体系は、複素数が唯一のものなのです！

複素数の別の表し方

このように、複素数というものは、実数を拡張した四則計算が可能な数の体系として唯一のものである、という鮮烈な事実を知りました。また、複素数平面というヴィジュアル化にも成功しました。

にもかかわらず、複素数というものの正体が依然としてよくわからない、という人がいるかもしれません。

というよりも、複素数として作り上げてきた数の体系の中身をあらためて考えると、それほどしっかりとした基盤の上に立っているともいえないのです。

> 2つの実数の組 $(a,\ b)$ に対して、
> 加法を、$(a,\ b)+(c,\ d)=(a+c,\ b+d)$
> 乗法を、$(a,\ b)(c,\ d)=(ac-bd,\ ad+bc)$
> のように定義してできる数の体系を、複素数という。

図3-41

そもそも、$a+bi$というのは文字や記号の羅列であり、+やbとiの積biとは何なのか、というように考え出すと、よくわからなくなってしまいます。

そこで、複素数の基礎をしっかりさせるために、アイルランドのウイリアム・ロウワン・ハミルトン（1805〜1865）という人は、複素数を図3−41のように定義しなおしました。

ハミルトンはこの定義を、積に関する分配法則を仮定することから導き、「これらの定義は、任意に選ばれたものではない」といっています。

実際、このとき、$(a,0)$を実数aと同一視すると、

$(a,\ 0)+(c,\ 0)$
$=(a+c,\ 0)$
より、
aとcのかけ算はac

$(a,\ 0)(c,\ 0)$
$=(ac-0,\ 0)$
より、
aとcのかけ算はac

となり、実数の演算と同じです。

また、$(0, 1) = i$ とすると、

$$
\begin{aligned}
i^2 &= (0,\ 1)(0,\ 1)\\
&= (0\times0-1\times1,\ 0\times1+1\times0)\\
&= (-1,\ 0) = -1
\end{aligned}
$$

$$
\begin{aligned}
a+bi &= (a,\ 0)+(b,\ 0)(0,\ 1)\\
&= (a,\ 0)+(b\times0-0\times1,\ b\times1+0\times0)\\
&= (a,\ 0)+(0,\ b) = (a,\ b)
\end{aligned}
$$

より、$a+bi$ と (a, b) は同じだとみなすことができます。

こうすると、「複素数とは何か」という、ある意味答えのない問いに悩まされることなく、複素数を扱うことができるのです。

四元数と八元数

複素数は、実数を拡張した四則計算が可能な数の体系として唯一のものであると高らかに宣言しておきながら、実は、複素数を含むような四次元の数があるのです！

複素数は、「四則計算が可能な数の体系」としては他にないものなのですが、このような四則計算（＋、－、×、÷の計算）ができるためには、121ページで触れたように、少なくとも結合法則、交換法則、分配法則が成り立たなければなりません。

このうち、交換法則というのは、

加法については　$\alpha+\beta=\beta+\alpha$

乗法については　$\alpha\beta=\beta\alpha$

四元数というのは、4つの実数 a、b、c、d と3つの数の単位 i、j、k によって、$a + bi + cj + dk$ の和の形で表される数で、

i、j、k は、$i^2 = j^2 = k^2 = -1$、

$$ij = -ji = k、jk = -kj = i、$$

$$ki = -ik = j$$

を満たす数の単位です。

図3-42

つまり、順番を入れ替えてもいい、という規則です。

複素数までの数では交換法則は成り立ちますが、世の中には交換法則が成り立たないような例はいくらもあります。たとえば、道を行くのに、「右折→左折」と「左折→右折」とでは行き先がちがってしまいます。

数学の例だと、行列の積は交換法則が成り立ちません。

そして、実数を拡張した数の体系のうち、交換法則以外を満たすものとして、「四元数」というのがあります。

これは、172ページで出てきたハミルトンが発見したものです。図3-42に示しました。

そして、実数を拡張した数の体系のうち、四則計算が可能なものは実数と複素数だけであったのと同じように、**交換法則を除くもの**が成り立つような数の体系は、実数、複素数以外には、この四元数しかありません。

すなわち、考えられる数の体系がすべて発見されている！のです。

そしてさらに交換法則に加えて**結合法則も成り立たなくてもよい**という場合には、「八元数」というのが見つかっています。

ともあれ、このように見てくると、複素数というのは、けっこうズッシリとした存在感のある数、あるべくしてある数、の体系ということができるのです。

第4章 複素関数の微分・積分

——実数と複素数の微分・積分のちがい

07 複素関数の微分
～複素関数の微分の強い性質

複素数に広げることの意味

本書がテーマとしているのは、実数ではなくて虚数・複素数です。したがって、扱おうとする数式も複素数に関するものであるべきです。すなわち、これから取り上げようとするのは、複素数を変数とする式や、複素数に関する微分や積分などです。そして、複素数に広げるとどんな意味があるのかという疑問が出てきます。

そうすると、当然ながら、現実の世界は実数と関係しているのに、どうして複素数に関する数式を考えたりするのか、あるいは、そもそも複素数が出てくる余地はあるのか、といった疑問が出てきます。

言い換えると、現実の世界を調べるにあたって複素数を使う意義は何なのかといった問いが浮かんできます。

それらの疑問や問いに対する答えについてあらかじめ述べておくと、次の2つがあげられると思います。

つまり、

1 実数範囲ではできなかったり複雑であったりする計算が、複素数の範囲で考えるとずっと簡単にできるようになる場合があるから。

とりわけ、オイラーの公式を使った計算や、一部の複素関数の積分などがこのような例にあてはまります。

2 現実の現象が複素数的である場合。

とりわけ、波の性質を持った現象では、複素数と相性のいい場合が多いといえます。たとえば、複素数と相性のいい電気回路や量子力学といった分野では、複素数は必須です。ただし、本書ではあまり深くふれないことにします。

複素関数とはどういうものか

ここで、現象を記述するための数式（特に関数といわれるもの）にはどういう種類があるかを、簡単にまとめておきます（ある数量の間に関係があって、一方の数量の値が決ま

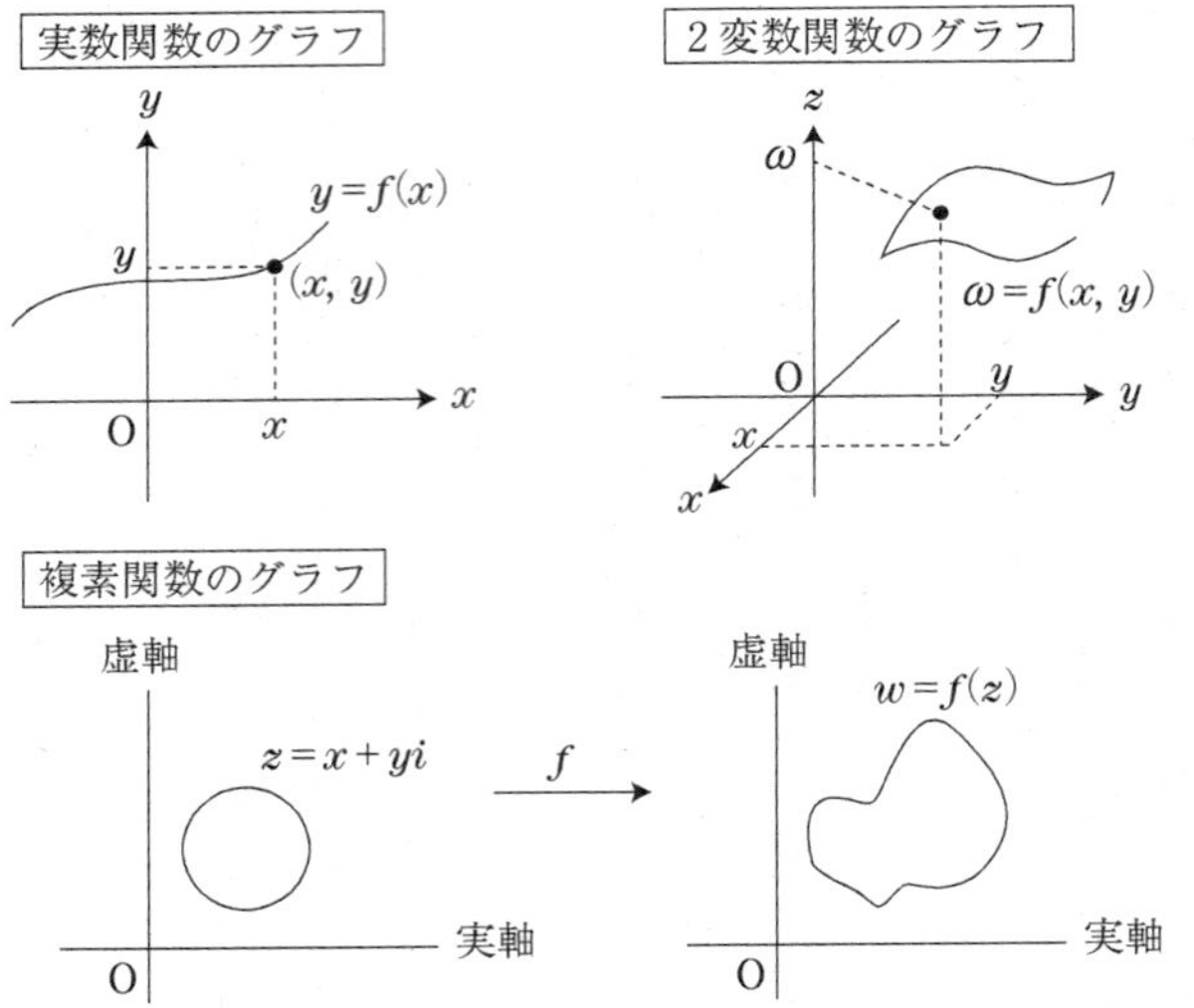

図4-1

るともう一方の数量が〈ただ1つだけ〉決まるものを、関数といいます）。

◎実数関数…実数 x に対して実数 y が対応するような関数を実数関数といい、$y=f(x)$ などと書きます。x と y の関係を図に表したものをグラフといいます。グラフは、多くの場合、$x-y$ 座標平面上の曲線になります。

◎多変数関数…2つの実数 x、y に対して1つの実数 ω

が対応するような関数を、２変数関数といい、

$$\omega = f(x,\ y)$$

などと書きます。グラフは、多くの場合、x－y－z 座標空間内の曲面になります。x－y－z座標空間とは、x軸、y軸、z軸の３つの軸で作られる３次元の空間です。

◎複素関数…対応する数量がどちらも複素数の場合です。

すなわち、複素数 zに対して複素数 wが対応するような関数を複素関数といい、$w = f(z)$ などと書きます。グラフをかこうとした場合、変数 zと wを表すのにそれぞれ２次元の複素数平面を使うので、全体を表すためには４次元が必要で、実際には１つでは図示できません。そこで、多くの場合、zと wをそれぞれ別の平面にかいて並べて表します。

定義　次のような「**極限値**」があるとき、$f(x)$ は $x=x_0$ で微分可能であるといい、$f'(x_0)$ で表します。

$$f'(x_0)=\lim_{x\to x_0}\frac{f(x)-f(x_0)}{x-x_0}$$

図4-2　実数関数の微分

定義　次のような「極限値」があるとき、複素数 $\omega=f(z)$ が $z=z_0$ で微分可能であるといい、$\omega'(z_0)$ と表す。

$$\omega'(z_0)=\lim_{z\to z_0}\frac{f(z)-f(z_0)}{z-z_0}$$

図4-3　複素関数の微分

実数の関数と複素関数の微分の定義

実数関数の微分の定義とは図4－2のとおりです。これに対して複素関数の微分の定義は図4－3です。その基本部分を整理しておきましょう。

ただし図4－2の中で、

$$\lim_{x\to x_0}○$$

というのは、x が x_0 に限りなく近づくとき、○がある値に限りなく近づく、ということを意味します。

その近づく値が「極限値」です。

x の x_0 への近づき方は自由ですが、数直線上では、x が表す点の x_0 が表す点への近づき方はそれほどとっぴょうしもないものではなく、ある意味単純です。

これに対して、図4－5のように複素数の近づき方は複雑です。図4－2の定義と図4－3の定義は同じように見えますが、$x \to x_0$ の $z \to z_0$ の近づき方は複雑であるため、極限値が確定しないかもしれません。

実数関数の微分は、グラフ上の2点を通る直線の「傾き」を表しています。

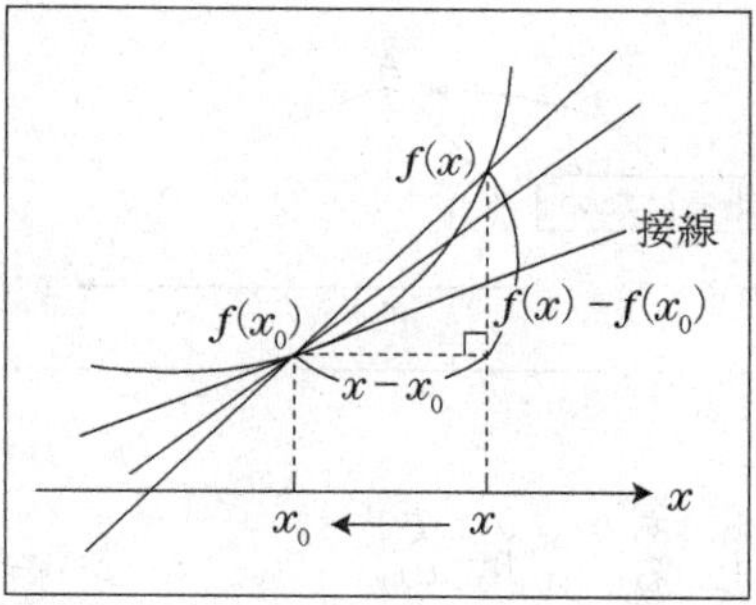

図4-4

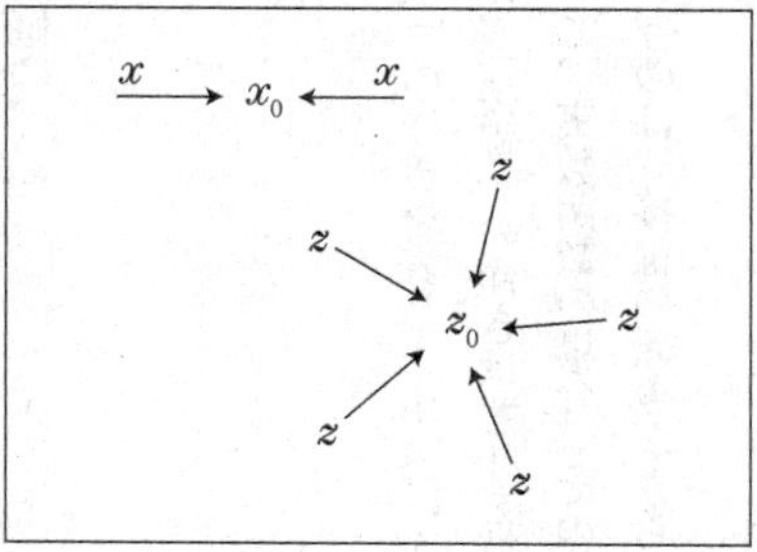

図4-5

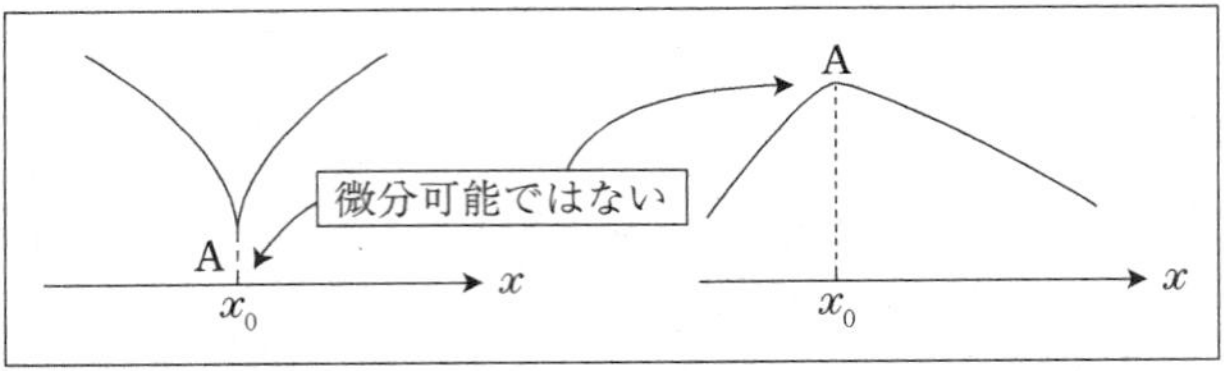

図4-6

その極限値は、

$$点(x_0,\ f(x_0))$$

での「接線」の傾きを表します（図4－4）。ただし、複素関数の場合には、「接線」の傾きは意味を持ちません。

したがって、実数関数の場合、その極限値がある（微分可能である）というのは、接線の傾きがきちんと決まるということを意味します。

たとえば、図4－6の点Aのようなとがった点では、接線は決まらないので、そこでは微分可能ではありません。

いろいろな関数の微分

代表的な実数関数の微分を振り返っておきます。図4－7をごらんください。

高校の数Ⅲ範囲のものも含まれるので、高校でやっていない人もいるかもしれませんが、きちんと理解しなくても大丈夫です。こういうのもあるんだと思いながら眺めるだけでもかまいません。

テイラー展開

数×(式)^n

の形の無限個の和を「べき級数」といいます。その和が値を持つときに「収束する」といいます。そして図4-8の式4-1をn階微分可能な関数fの$x=0$におけるテイラーの展開といいます。指数関数のテイラー展開、三角関数についてのテイラー展開は（式4-2）、式4-4となります。なお、一般に無限数の和は、項の並べかえや項を（ ）でくくったりをやってはいけないことになっていますが、本書では認めることにします。

式4-2よりネイピア数eが意外に早く収束し、実際に電卓を用いて近似値を求めるこ

合成関数の微分

y が u の関数で、

u が x の関数のとき、

$$\frac{dy}{dx}=\frac{dy}{du}\frac{du}{dx}$$

分数のように考えて、

$\frac{dy}{du}\frac{du}{dx}$ を約分すると

$\frac{dy}{dx}$ になる、という

イメージで理解してよい。

（例１） $y=(3x^2-5x+4)^4$ を x で微分するとどうなるか。

（解き方） $3x^2-5x+4=u$ とすると、$y=u^4$

$$\frac{dy}{dx}=\frac{dy}{du}\frac{du}{dx}$$

$$=\frac{d}{du}u^4\frac{d}{dx}(3x^2-5x+4)$$

$$=4u^3\times(3\times 2x-5)=4(3x^2-5x+4)^3(6x-5)$$

$$=4(6x-5)(3x^2-5x+4)^3$$

（例２） e^{2x} を x で微分するとどうなるか。

（解き方） $2x=u$ とすると、

$$(e^{2x})'=(e^u)'(2x)'=e^u\times 2=2e^{2x}$$

和の微分

$$(f+g)'=f'+g'$$

積の微分

$$(fg)'=f'g+fg'$$

主な微分

微分には、$f'(x)$、$\frac{dy}{dx}$、$\frac{d}{dx}f(x)$ など、いろいろな表し方があります。

●整式の微分

$(x^n)' = nx^{n-1}$

（例）$\frac{d}{dx}(3x^2 - 5x + 4) = 3 \times 2x - 5 = 6x - 5$

●三角関数の微分

$(\sin x)' = \cos x$

$(\cos x)' = -\sin x$

x は、「弧度法」で表しています。360° を、半径 1 の円周 2π と同じと考えます。

$360° \to 2\pi$
$180° \to \pi$
$90° \to \frac{\pi}{2}$
$60° \to \frac{\pi}{3}$
$30° \to \frac{\pi}{6}$

●指数関数の微分

$(e^x)' = e^x$

e^x は、微分しても同じになる関数で自然対数といわれます。e はそのために決めた数で、次ページ（P189 も参照）のようにネイピア数といいます。
$e = 2.71828\cdots$

図4-7

$$f(x) = f(0) + \frac{f'(0)}{1!}(x-0)^n + \frac{f''(0)}{2!}(x-0)^2 + \cdots + \frac{f^{(n)}}{n!}(0)(x-0)^n + \cdots \quad \text{（式4-1）}$$

$(e^x)' = e^x$ より指数関数のテイラー展開は、

$$e^x = 1 + \frac{1}{1!}x + \frac{1}{2!}x^2 + \cdots + \frac{1}{n!}x^n + \cdots \quad \text{（式4-2）}$$

$(\sin x)' = \cos x$, $(\cos x)' = -\sin x$ より三角関係のテイラー展開は、

$\sin 0 = 0$, $\cos 0 = 1$ （式4-3）

より、

$$\sin x = x - \frac{1}{3!}x^3 + \frac{1}{5!}x^5 - \frac{1}{7!}x^7 + \cdots$$

$$\cos x = 1 - \frac{1}{2!}x^2 + \frac{1}{4!}x^4 - \frac{1}{6!}x^6 + \frac{1}{8!}x^8 \cdots$$

（式4-4）

（式4-2より）

$x = 1$ を代入して、第 n 項までの和が

$n = 1$ のとき　$e = 1$

$n = 3$ のとき　$e = 2.5$

$n = 4$ のとき　$e = 2\frac{2}{3} = 2.6666\cdots$

$n = 10$ のとき　$e = 2.718281526$

$n = 13$ のとき　$e = 2.718281828$

$n = 14$ のとき　$e = 2.718281828$

図4-8

とができます。正しい値は$e=2.718281284590045\cdots$です。また$e$が無理数ということは背理法により簡単に証明できます（『オイラーの発想』吉田信夫著を参考）。

いろいろな複素関数の微分定義

複素関数の微分の定義と二項定理を用いて図４－９の問題１を解くと、複素関数の微分について導き出されるように（Ａ）の公式が成り立つことがわかります。

複素数関数も、実数の関数の微分と同じように、微分の定義を元にして図４－10のような公式が成り立つことを示すことができます。

指数関数のベキ級数

指数関数を複素数関数へ拡張して、図４－８の式４－２でxをzに置き換えて、図４－11の式４－５と定義します。すると、図４－11のようにe^zに関して指数法則が成り立ちます。

オイラーの公式

図４－８の式４－４から、有名なオイラーの公式、図４－12の式４－８が導かれます。

オイラーの公式による円周上の点の表し方を考えてみましょう。

(問題1)

$f=z^n$ を定義にしたがって微分しましょう。

(答え)

$$f(z+\Delta z)-f(z)=(z+\Delta z)^n-z^n$$

二項定理

$$=\sum_{k=0}^{n}{}_nC_k z^{n-k}(\Delta z)^k-z^n$$

$$=\sum_{k=1}^{n}{}_nC_k z^{n-k}(\Delta z)^k$$ が成り立つ。

よって $$\lim_{\Delta z\to 0}\frac{f(z+\Delta z)-f(z)}{\Delta z}=\lim_{\Delta z\to 0}\frac{\sum_{k=1}^{n}{}_nC_k}{\Delta z}z^{n-k}(\Delta z)^k$$

$$=\lim_{\Delta z\to 0}\sum_{k=1}^{n}{}_nC_k z^{n-k}(\Delta z)^{k-1}$$

$$=nz^{n-1}$$

よって $(z^n)'=nz^{n-1}$ ……………………………………(A)

図4-9

$f(z)g(z)$ は微分可能で、k は定数のとき

$\{kf(z)\}'=kf'(z)$

和の微分

$\{f(z)\pm g(z)\}'=f'(z)\pm g'(z)$

積の微分

$\{f(z)g(z)\}'=f'(z)g(z)+f(z)g'(z)$

$(z^n)'=nz^{n-1}$

図4-10

$$e^z = 1 + \frac{1}{1!}z + \frac{1}{2!}z^2 + \cdots + \frac{1}{n!}z^n + \cdots \quad \text{（式4-5）}$$

したがって、

$$e^{z_1+z_2} = 1 + \frac{(z_1 + z_2)}{1!} + \cdots + \frac{(z_1 + z_2)^n}{n!} + \cdots \quad \text{（式4-6）}$$

この式の右辺を展開して z_1についてまとめると、

$$A_0 + A_1 z_1 + A_2 {z_1}^2 + \cdots A_n {z_1}^n + \cdots \quad \text{（式4-7）}$$

（式 4 - 6 ）と（式 4 - 7 ）を z_1 で n 回微分したものを、$z_1 = 0$ として、図 4 - 7 から $\{(z)^n\}' = nz^{n-1}$だから

$$n!A_n = e^{z_2} \text{ が成り立ち}$$

これを（式 4 - 5 ）、（式 4 - 6 ）に代入すると、

$$\begin{aligned} e^{z_1+z_2} &= e^{x_2} + \frac{e^{x_2}}{1!}z_1 + \frac{e^{x_2}}{2!}{z_1}^2 + \cdots + \frac{e^{x_2}}{n!}{z_1}^n + \cdots \\ &= e^{x_2}\left(1 + \frac{{z_1}^2}{1!} + \cdots + \frac{{z_1}^n}{n!} + \cdots\right) \\ &= e^{x_2}e^{x_1} \end{aligned}$$

よって $e^{z_1+z_2} = e^{z_1}e^{z_2}$ が成り立つ。

すなわち e^z は指数法則が成り立つ。

図4-11

zは複素数、xは実数として$z=ix$として代入する。
これを（式4－5）に代入して、

$$e^{ix}=1+\frac{xi}{1!}+\frac{(xi)^2}{2!}+\cdots+\frac{(xi)^n}{n!}$$

$$=1-\frac{x}{2!}+\frac{x^2}{4!}+\cdots-\frac{x^6}{6!}+\cdots$$

$$+i\left(x-\frac{x^3}{3!}+\frac{x^5}{5!}+\cdots\right)$$

ここで図4－8の（式4－3）と（式4－4）を用いると、

$$e^{xi}=\cos x+i\sin x$$

すなわち、下のオイラーの公式（式4－8）が成り立つ。

$$e^{ix}=\cos x+i\sin x \quad \text{（式4-8）}$$

図4-12

オイラーの公式より、複素平面上における原点Oを中心とし、半径をr、偏角をθとする円周上の点を、パラメータによって表示をすることができます（図4－13）。これは、複素数の積分にとって重要な役割です。

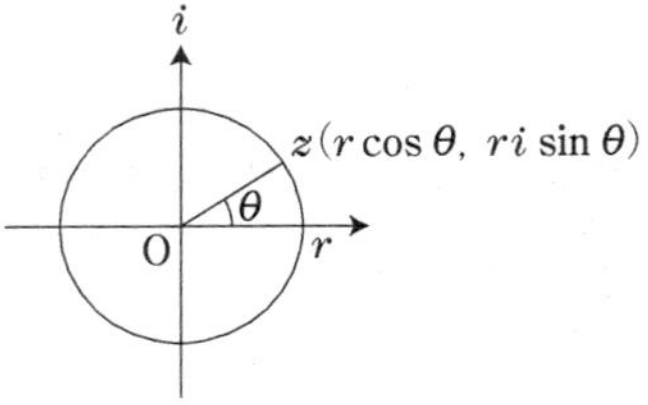

円周上の点zは$z=re^{i\theta}$

$$z=r(\cos\theta+i\sin\theta)$$
$$=re^{i\theta}$$

図4-13

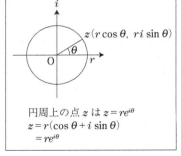

xとyを含む関数の微分

複素数は、変数がx、yの2つある関数$z=f(x, y)$だから、変数2つの場合について調べてみましょう。

関数$w=f(x, y)$のグラフは、$x-y-z$座標空間内の曲面になります。

したがって、もしも$w=f(x, y)$が微分可能であるとすれば、そのグラフである曲面はなめらかなものであり、その微分は、点(x_0, y_0, z_0)における接平面になるはずです。

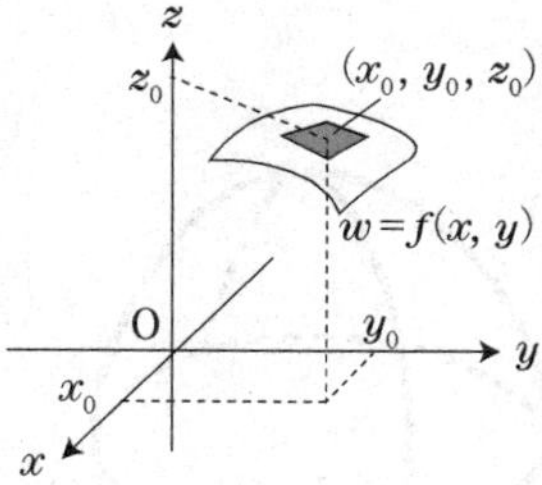

図4-14

ところで、2つの変数x、yがあるとき、点に近づく方法はいろいろあって複雑です。

そこでまず、2つの変数のうちのどちらか一方だけが変化する場合を考えます。このような微分を「偏微分」といいます。

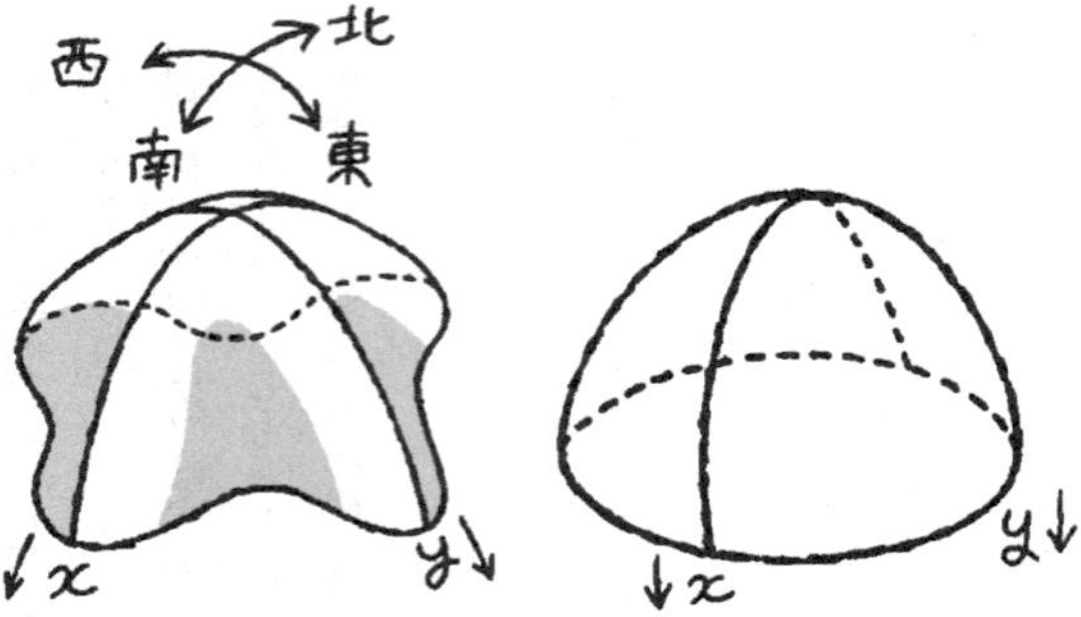

図4-15

たとえば、変数 x だけが変化すると考えた場合の微分を、x についての偏微分といい、

$$\frac{\partial z}{\partial x}、\quad \frac{\partial}{\partial x} f(x,\ y)$$

などと表します。

つまり、

$$\frac{\partial}{\partial x} f(x_0,\ y)$$

$$= \lim_{x \to x_0} \frac{f(x, y) - f(x_0, y)}{x - x_0}$$

ところで、この偏微分というのは、y が変化

しないでxだけが変化するなどというかなり特殊な場合を扱ったものです。

たとえば、図4－15の左図のように、南北と東西方向の尾根にそった登山路はなめらかだけれどもその他の方向から山頂に登ろうとすると急峻《きゅうしゅん》であるような山があるとします。このとき、南北と東西の尾根にそった登頂はxやyについての偏微分にあたります。これらの偏微分が可能であったとしても、微分が可能だとは限りません。微分可能であるためには、図4－15の右図のように、どの方向から登っても山頂付近がなめらかでなければなりません。

このように、変数が2つある場合の微分については、偏微分についての条件だけでは、関数そのものが微分可能であるかどうかはわからないのです。

（ところが、あとで述べるように、複素関数の場合には偏微分に関する条件だけで全体の微分可能性がわかってしまいます。このちがいを覚えておいてください。）

再び複素関数の微分

さて、いよいよ複素関数の微分ですが、複素関数$w=f(z)$の微分の定義は見た目は実数関数の微分の定義とほとんど同じです。つまり、182ページの図4－2を再びとり上げ

定義　次のような「極限値」があるとき、$f(z)$ は $z=z_0$ で微分可能であるといい、$f'(z_0)$ で表します。

$$f'(z_0)=\lim_{z\to z_0}\frac{f(z)-f(z_0)}{z-z_0}$$

図4-16

ておくと、上の図4－16のようになります。

$z\to z_0$ というのは、点 z と点 z_0 の距離 $|z-z_0|$ がドンドン0に近づくことを意味します。

$f(z)$ が微分可能であるというのは、ある値（複素数）A があって、

$$\left|\frac{f(z)-f(z_0)}{z-z_0}-A\right|$$

がどんどん0に近づくということです。

ただし、z は複素数平面上にあるので、数直線上の実数の場合に比べて、z の z_0 への近づき方は複雑です。

また、

整式	$f(z) = z^n$	$\to f'(z) = nz^{n-1}$
三角関数	$f(z) = \sin z$	$\to f'(z) = \cos z$
指数関数	$f(z) = e^z$	$\to f'(z) = e^z$
合成関数の微分	$f(z) = e^{\pi iz}$	$\to f'(z) = \pi ie^{\pi iz}$

図4-17

$$\frac{f(z)-f(z_0)}{z-z_0}$$

が近づく値Aは複素数であり、もはや接線の傾きではなくなります。

ところで、定義のしかたが実数の場合とほとんど同じことから、多くの関数の微分の計算は、実数関数の場合とよく似た式になります。

たとえば、図4-17のような式が成り立ちます。

コーシー・リーマンの関係式

ところで、複素関数の中には、$x-2yi$ や x^2-y^2+2xyi のように、式の中に z を含まないようなものもあります。

このような複素関数の微分はどうすればよいのでしょうか。

そこで、関数 $w=f(z)$ において、

$$z = x + yi、$$
$$f(z) = u(x,\ y) + v(x,\ y)i$$

とおいて、複素関数が微分可能であるためにはどのようなことが成り立たなければならないかを調べてみましょう。

図4－18の式の展開をごらんください。

これより（イ）と（ウ）は同じ式になるので、実数部分と虚数部分をそれぞれ比べると、

$$\frac{\partial u}{\partial x} = \frac{\partial v}{\partial y}$$

$$\frac{\partial u}{\partial y} = -\frac{\partial v}{\partial x}$$

これらを図4-15の複素関数の微分の定義の式の右側に代入すると、

$$\lim_{x+yi \to x_0+y_0 i} \frac{\{u(x,y)+v(x,y)i\}-\{u(x_0,y_0)+v(x_0,y_0)i\}}{(x+yi)-(x_0+y_0 i)}$$

…(ア)

これがある複素数Aに近づくためには、少なくとも、yをy_0に固定してxだけをx_0に近づけたときの式（イ）

$$\lim_{x \to x_0} \frac{\{u(x,y_0)+v(x,y_0)i\}-\{u(x_0,y_0)+v(x_0,y_0)i\}}{(x+y_0 i)-(x_0+y_0 i)}$$

$$= \lim_{x \to x_0} \frac{u(x,y_0)-u(x_0,y_0)}{x-x_0} + i \lim_{x \to x_0} \frac{v(x,y_0)-v(x_0,y_0)}{x-x_0}$$

$$= \frac{\partial u}{\partial x} + i \frac{\partial v}{\partial x} \cdots (イ)$$

xをx_0に固定してyだけをy_0に近づけたときの式（ウ）

$$\lim_{y \to y_0} \frac{\{u(x_0,y)+v(x_0,y)i\}-\{u(x_0,y_0)+v(x_0,y_0)i\}}{(x_0+yi)-(x_0+y_0 i)}$$

$$= \lim_{y \to y_0} \frac{u(x_0,y)-u(x_0,y_0)}{(y-y_0)i} + i \lim_{y \to y_0} \frac{v(x_0,y)-v(x_0,y_0)}{(y-y_0)i}$$

$$= -\frac{\partial u}{\partial y} i + \frac{\partial v}{\partial y} \cdots (ウ)$$

が、どちらもその同じ複素数Aに近づかなければなりません。

図4-18

関数$f(z) = u(x, y) + v(x, y)i$が微分可能であるのは、
コーシー・リーマンの関係式

$$\frac{\partial u}{\partial x} = \frac{\partial v}{\partial y}、\frac{\partial u}{\partial y} = -\frac{\partial v}{\partial x}$$

が成り立つときである。

そして、そのとき、微分した式は、次の式で表される。

$$f'(z) = \frac{\partial u}{\partial x} + i\frac{\partial v}{\partial x} = \frac{\partial v}{\partial y} - \frac{\partial u}{\partial y}i$$

図4-19

という式が得られます。

これらをコーシー・リーマンの関係式といいます。

逆に、このコーシー・リーマンの関係式が成り立つとき、関数

$$f(z) = u(x, y) + v(x, y)i$$

は微分可能であることを示すことができるのです。

正則関数の微分

複素関数がある範囲で微分可能であるとき、その関数を正則関数といいます。前ページで調べたことをまとめると、図4－19のようになります。

このように、１９５ページで少しふれたように、複素関数の場合、微分可能かどうかは偏微分についての条件だけで決めることができ、１９４ページ図４−15の左の図のようなことは起こらないのです！

複素関数の微分可能性というのはこのように「強い」性質を持っています。この点については、すぐあとであらためてふれることにします。

その前に少し、微分計算の練習をしておきましょう。

（問題１） $f(z)=x-2yi$ の微分が正則かどうか調べてみましょう。

（解き方）

$u=x$、$v=-2y$ とすると

$$\frac{\partial u}{\partial x}=1、$$

$$\frac{\partial v}{\partial y}=-2$$

で、$\dfrac{\partial u}{\partial x}\neq\dfrac{\partial v}{\partial y}$

よって、この関数は微分可能ではない。

（問題２） $f(z)=x^2-y^2+2xyi$ の微分

（解き方）

$u=x^2-y^2$、$v=2xy$ とすると

$$\frac{\partial u}{\partial x}=2x、\frac{\partial v}{\partial y}=2x$$

また

$$\frac{\partial u}{\partial y}=-2y、\frac{\partial v}{\partial x}=2y$$

よって、コーシー・リーマンの関係式が成り立つ。

したがって、この関数は微分可能であり、微分は、

$$f'(z)=\frac{\partial u}{\partial x}+i\,\frac{\partial v}{\partial x}=2x+2yi$$

複素関数の微分可能性は強烈！

さて、複素関数の微分は、実数関数の微分と外見上はよく似ていましたが、微分可能性がx、yに関する偏微分についての条件だけで決まるといった、実数関数にはない性質を持っていることがわかりました。

このように、複素関数の微分可能性（正則関数かどうか）はかなり強い性質を持っているといえそうです。

このことを少し詳しく見てみましょう。

そこで、図４－16の微分の定義式をもう一度眺めてみます。

$$f'(z_0) = \lim_{z \to z_0} \frac{f(z) - f(z_0)}{z - z_0}$$

関数$f(z)$が$z = z_0$において微分可能であるとすると、複素数zがz_0に近づくとき、

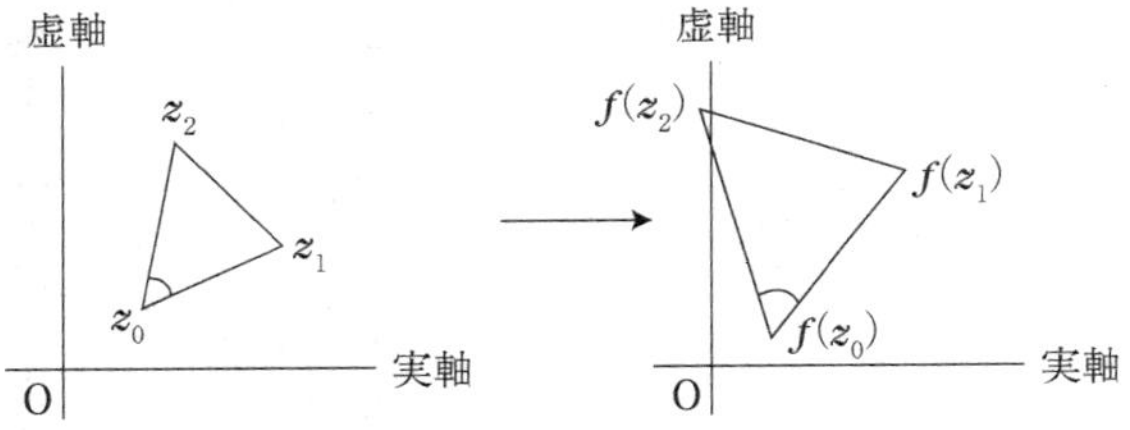

図4-20

$$\frac{f(z)-f(z_0)}{z-z_0}$$

は、ある複素数とほぼ等しくなりますが、複素数が等しいのは、極形式で表したときに、

① 絶対値（原点Oまでの長さ）
② 実軸とのなす角

の2つがそれぞれ等しいことを意味しています。

このことを、点z_0に近づきつつある2つの点z_1とz_2をとって考えてみると、図4－20のようになります。

この図4－20から図4－21が導かれます。

もとの図形と移った先の図形の形が同じであるというのは、これはきわめて制約の強い関数であるといえます。

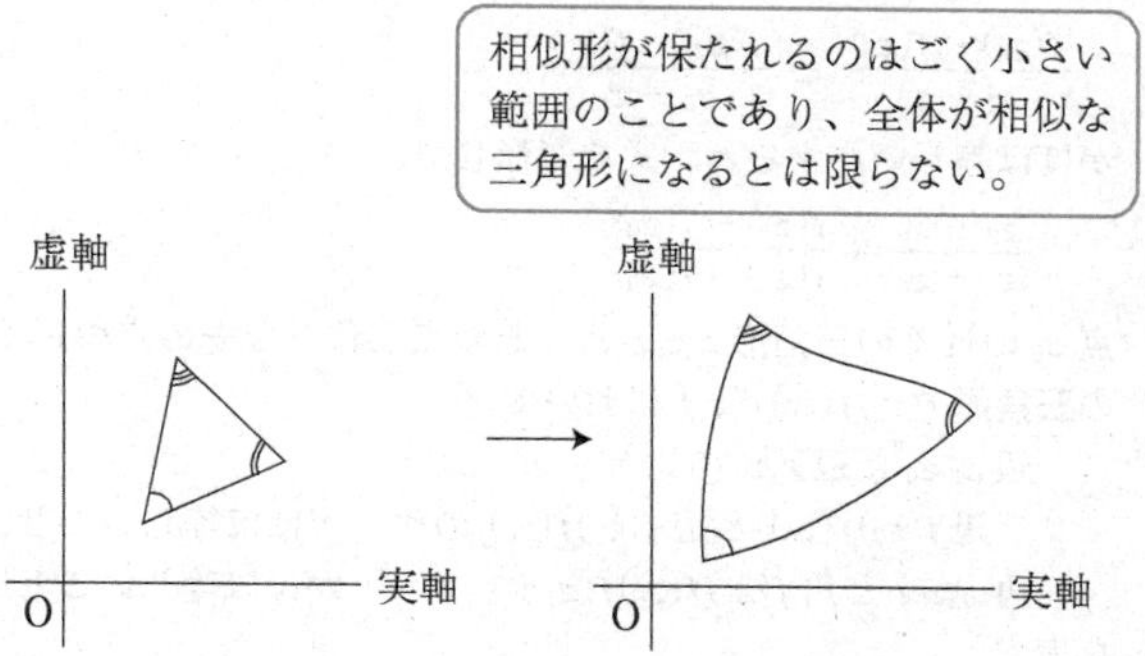
相似形が保たれるのはごく小さい範囲のことであり、全体が相似な三角形になるとは限らない。
虚軸
実軸
O
虚軸
実軸
O

図4-21

等角性と類似度

このように、複素関数$f(z)$が微分可能であるとき、各点のごく狭い範囲において、この関数が移す図形の線分の長さの比と角度はほぼ保たれる、ということができます（つまり、相似形であるということです）。

とりわけ、角度に注目すると、微分可能な複素関数$f(z)$は、2曲線のなす角を保つということができます（「等角性の原理」）。つまり、

複素関数$f(z)$が$z = z_0$において微分可能であるとき、点z_0で交わる2曲線のなす角は、$f(z)$によって移される2曲線のなす角と同じである。

ということができます。

$$\frac{f(z_1)-f(z_0)}{z_1-z_0} \text{ と } \frac{f(z_2)-f(z_0)}{z_2-z_0}$$

がほぼ等しいとすると、式を変形して、

$$\frac{z_2-z_0}{z_1-z_0} \fallingdotseq \frac{f(z_2)-f(z_0)}{f(z_1)-f(z_0)}$$

点 z_0 の近くの**三角形** $z_2z_0z_1$ と、その点が移った先の点の近くの**三角形** $f(z_2)f(z_0)f(z_1)$ において、

辺 z_2z_0 と辺 z_1z_0 の比と

辺 $f(z_2)f(z_0)$ と辺 $f(z_1)f(z_0)$ の比　がほぼ等しいこと、

角 $z_2z_0z_1$ と角 $f(z_2)f(z_0)f(z_1)$　がほぼ等しいこと

を表す。

したがって、**三角形** $z_2z_0z_1$ と**三角形** $f(z_2)f(z_0)f(z_1)$ **はほぼ相似形であるといってよい。**

図4-22

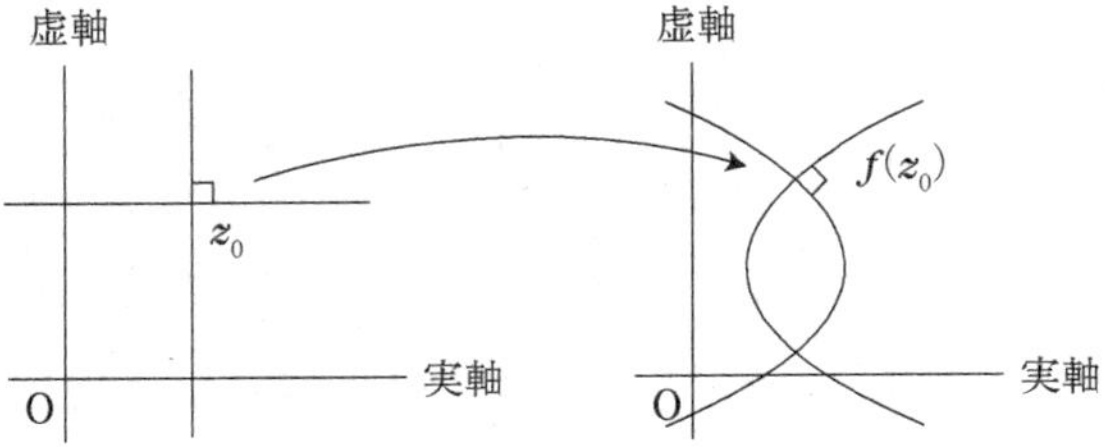

図4-23

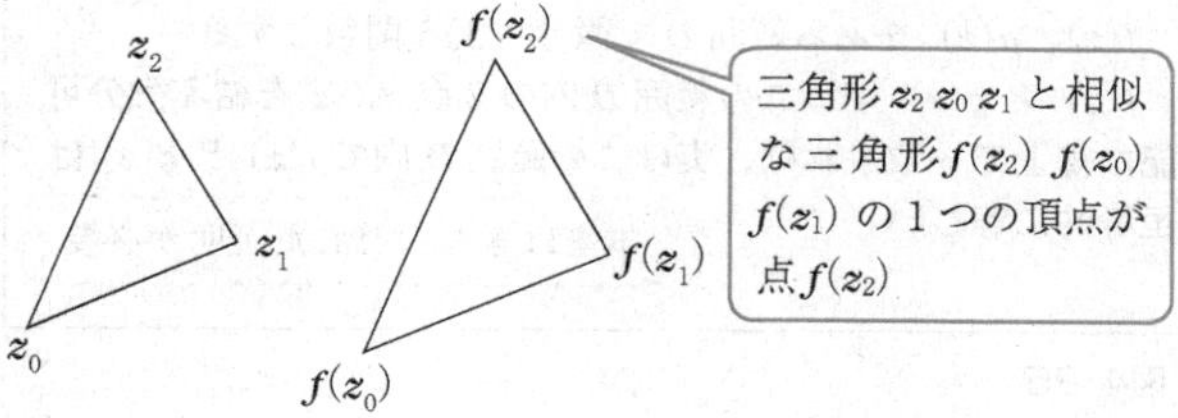

図4-24

たとえば、ある微分可能な関数によって、図4－23のような互いに直行する2直線が右のような2曲線（放物線）にうつされるとすると、この2曲線は直交するような交わり方になります。

一致の定理

複素関数の微分可能性の強い性質から、「一致の定理」というさらに強烈なことがらを導くことができます。

つまり、微分可能な複素関数 $f(z)$ において、点 z_0 のごく近いところに点 z_1 をとり、それらに対する関数の値を $f(z_0)$、$f(z_1)$ とします。すると、同じく点 z_0 の近くにとった点 z_2 に対する関数の値 $f(z_2)$ は1つに決まってしまいます。

このことは、一部の関数の値 $f(z_0)$、$f(z_1)$ が決められた関数では、残りの値も決まってしまうということを意味します。

このことをもう少し詳しく述べると、次のような「一致

$f(z)$、$g(z)$ をある範囲 D で微分可能な関数とする。
$f(z)$ と $g(z)$ が、この範囲 D 内の2点 z_0、z_1 を結ぶ微分可能な線上で一致すれば、実はこの範囲 D 内で $f(z)$ と $g(z)$ は恒等的に等しい。

本当はきちんとした証明が必要

図4-25

の定理」になります。すなわち、図4－25です。

考えてみると、これはものすごい定理だといえます。というのも、ある範囲の中の髪の毛ほどのごく一部で同じであることがわかれば、その範囲全体がわかってしまうからです（たとえば、髪の毛1本からその人物が特定されてしまうDNA鑑定のようなものですね！）。

このことを応用すると、これまで実数関数でなじんでいた多くのことが、そのまま複素数の範囲にまで拡大されることがわかります。

08 複素関数と積分
～計算を超える奇妙な性質

実数の積分

積分については、実数の場合と複素数の場合でずいぶんちがうという印象があり、多くの人は、複素関数の積分というのは何をやっているのかわけがわからないままで終わってしまうようです。しかし、まったく別ものというのではもちろんなく、実数の積分にはなかったところを中心に扱うため、複素関数の積分が異質に見えるのです。このことさえおさえておけば、複素関数の積分も怖るるに足らず、といえます。

とはいえ、実数の積分のことをある程度つかんでおかないとらちがあかないので、まずは実数の積分についてカンタンにまとめておきましょう。

積分には、「定積分」と「不定積分」があります。

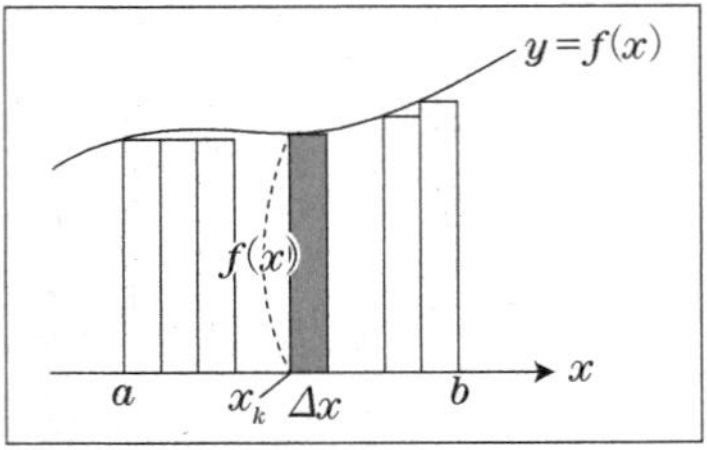

図4-26

定積分……$\int_a^b f(x)\,dx$ の形のもの

不定積分…$\int f(x)\,dx$ の形のもの

定積分は、曲線で囲まれた部分の面積を求めるためのものです。すなわち、関数 $y=f(x)$ と x 軸で囲まれた部分のうち、$x=a$ から $x=b$ までの区間の面積を、

$$\int_a^b f(x)\,dx$$

と表します。

これは、幅がdxの細長い長方形に分け、それらの長方形の面積$f(x)dx$を全部足し、幅をどんどん小さくしていったときに近づく値が求める面積である、と考えるもので、式で書くと図4－27のようになります。

$$\int_a^b f(x)dx = \lim_{\Delta x \to 0} \sum f(x_k)\Delta x \quad \left(\Delta x = \frac{b-a}{n} \right)$$

図4-27

一方、不定積分 $\int f(x)\,dx$

というのは、微分すると$f(x)$になるもとの関数のことをいいます。つまり、

$$\int f(x)\,dx \xrightarrow{\text{微分}} f(x)$$

定積分の計算

定積分は、不定積分を利用して計算することができます。

つまり、図4－28のように展開できます。

微分すると $f(x)$ になる関数（つまり不定積分）を求め、これを $F(x)$ とします。

すると、定積分 $\int_a^b f(x)dx$ は、$F(x)$ に $x=b$ と $x=a$ を代入したときの値の差になります。

$F(x)=\int f(x)dx$ とすると、

$$\int_a^b f(x)dx = F(b) - F(a)$$

これを、$[F(x)]_a^b$ とも表します。

上の式 $\int_a^b f(x)dx = F(b) - F(a)$ が成り立つことを、**「微分積分学の基本定理」**といいます。
不定積分は、「微分すると○になる△…」のことだから、本質的に微分の領域のものです。上の式は、**微分と積分が逆の関係にあること**を示しています。

図4-28

このように、面積（定積分）の計算は、微分を利用して計算することができるのです。

いろいろな（不定）積分

ここで、同じように、代表的な（不定）積分について整理しておくと次のようになります。

不定積分は、「微分すると $f(x)$ になるもとの関数」を探します。

定積分の計算

$f(x)$ の不定積分を求める

$$F(x) = \int f(x)dx$$

⇩

定積分を計算する

$$\int_a^b f(x)dx = [F(x)]_a^b = F(b) - F(a)$$

(例) 右の図の斜線をつけた部分の面積の求め方

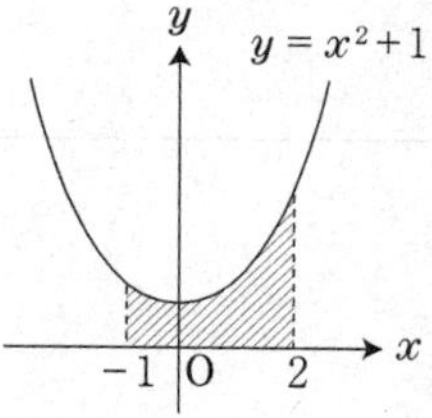

(解き方)

$\int_{-1}^{2} (x^2+1)dx$ を計算します。

たとえば、$\dfrac{x^3}{3} + x$ を微分すると x^2+1 だから、

$$\int_{-1}^{2} (x^2+1)dx = \left[\frac{x^3}{3} + x\right]_{-1}^{2}$$

$$= \left(\frac{2^3}{3} + 2\right) - \left\{\frac{(-1)^3}{3} + (-1)\right\}$$

$$= \frac{8+6}{3} - \frac{-1-3}{3} = 6$$

図4-29

〈主な不定積分〉

整式の不定積分

$$\int x^n dx = \frac{x^{n+1}}{n+1}$$

ただし、積分定数 C は省略してあります。

(例)

$$\int (3x^2 - 5x + 4)dx$$

$$= 3\frac{x^{2+1}}{2+1} - 5\frac{x^{1+1}}{1+1} + 4x$$

$$= x^3 - \frac{5}{2}x^2 + 4x$$

三角関数の不定積分

$$\int \sin x dx = -\cos x$$

$$\int \cos x dx = \sin x$$

$(\cos x)' = -\sin x$ だから、微分して $\sin x$ になる関数は $-\cos x$

指数関数の不定積分

$$\int e^x dx = e^x$$

（例）関数 e^{2x+1} の不定積分 $\int e^{2x+1}dx$ の求め方

（解き方）$2x+1=t$ とおくと、$x=\frac{1}{2}t-\frac{1}{2}$

両辺を t で微分すると、$\frac{dx}{dt}=\frac{1}{2}$

よって、

$$\int e^{2x+1}dx$$

$$=\int e^t\frac{dx}{dt}dt=\int e^t\cdot\frac{1}{2}dt$$

$$=\frac{1}{2}\int e^t dt=\frac{1}{2}e^t=\frac{1}{2}e^{2x+1}$$

xについての積分をtについての積分に変える。

図4-30

〈置換積分〉

微分の「合成関数の微分」に対応するものが「置換積分」。

$f(x)$ が x の関数で、x が t の関数 $x=g(t)$ であるとき、

$$\int f(x)\,dx$$

$$=\int f(g(t))\,\frac{dx}{dt}dt$$

この場合も分数のように考えて、約分の要領で、

$$dx=\frac{dx}{dt}dt$$

とイメージする。

例を図4-30に示しました。

面積分と線積分

これまで調べてきた積分は、1つの変数にxだけのx軸に沿った積分だといえます。実は、積分には他にもいろいろなタイプのものがあります。複素数関数として考えるからこの2つの変数x、yについて調べてみましょう。それらの中で、面積分と線積分についてざっと見ておきます。

〈面積分〉

面積分とは、「面に沿った積分」のことですが、ここでは、いちばんカンタンな面であるx-y平面に沿った積分について見てみましょう。

x、yを変数とする関数$w=f(x, y)$に対して、

$$\iint_D f(x,\ y)\,dxdy$$

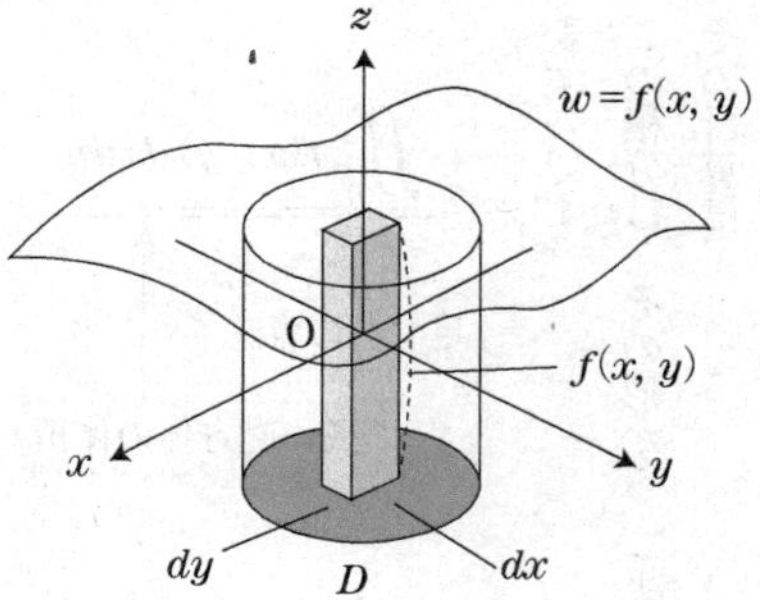

図4-31

という積分を考えます。ただし、Dはx-y平面上の領域で、これが積分範囲を表します。

この積分は、

$$w=f(x, y)$$

を表す曲面と領域Dとで囲まれた部分の立体の体積を表します。

つまり、領域Dを縦がdx、横がdyの小さな長方形に分割すると、

$$f(x, y)\,dxdy$$

はこの長方形を底面とする細長い直方体の体積を

表します。分割する長方形をどんどん小さくしていったときにこれら細長い直方体をすべて足したものが近づく値は、まさに求める立体の体積になります。

この値を

$$\iint_D f(x,\ y)\,dxdy$$

「足す」の意味

細長い直方体の体積

と表すのです。

この積分は、その形から「重積分」といいます。

その計算は、

$$\int_a^b \left(\int_{g_1(y)}^{g_2(y)} f(x,\ y)\,dx \right) dy$$

のように、まず式の内側の

$$\int_{g_1(y)}^{g_2(y)} f(x,\ y)\,dx$$

をxについて積分し、次いで外側をyについて積分するとよいことがわかっています（積分の順序は、x→yでもy→xでも結果は同じになります）。

このように順に積分することから、「累次積分」ともいいます。

〈線積分〉

一方、線積分とは「線に沿った積分」のことです。211ページで述べたような普通の積分も、x軸という線に沿った積分ということで「線積分」の一種であるといえますが、ここでは、もう少しだけ複雑な「線積分」として、x-y平面上の曲線Cに沿った線積分について考えてみましょう。

このとき、たとえば、x、yを変数とする関数$w=f(x, y)$とx-y平面上の曲線Cに対して、線積分とは、次のようなものです。

$$\int_C f(x,\ y)\,ds$$

ただし、sはこの曲線C上の点までの曲線Cに沿った距離を表すとします。

すると、この積分は、図4-32のカーテンのような部分の面積を表します。

つまり、曲線Cを細かく分割し、それぞれの部分の距離をdsとすると、幅がdsで縦が$f(x, y)$の細長い長方形ができます。この長方形の面積は、

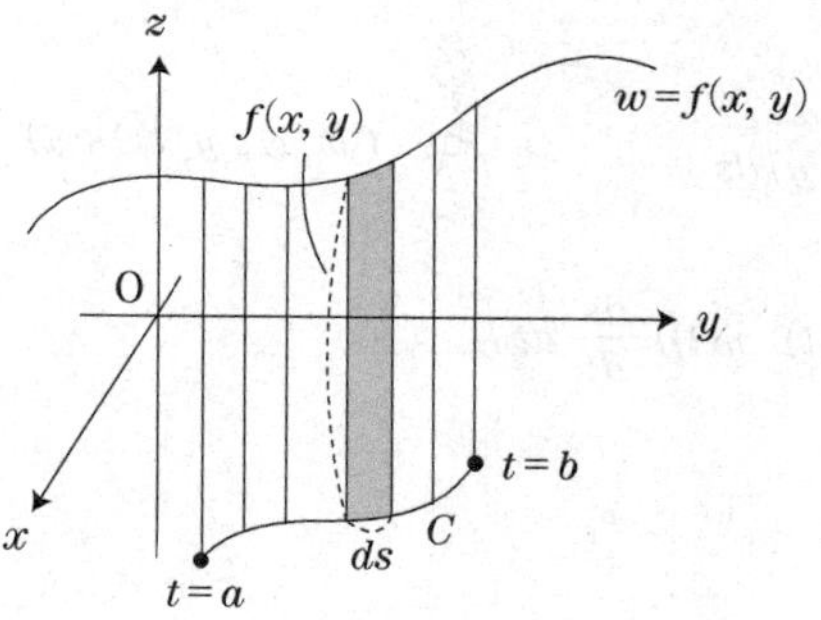

図4-32

$$f(x,\ y)ds$$

で、分割する幅をどんどん小さくしていったときにこれら細長い長方形をすべて足したものが近づく値は、図のカーテンのような部分の面積になります。

この値を、

$$\int_C f(x,\ y)\,ds$$

（$\int_C$：「足す」の意味　$f(x,\ y)\,ds$：細長い長方形の面積）

と表すのです。

この積分の計算は、変数を1つにして、「置換積分」で求めることができます。

つまり曲線Cは1次元だから、1つの変数tを用いて$s(t)$と表すことができ、それぞれ$f(x(t),\ y(t))s(t)$で表すと、

$$\int_C f(x,\ y)\,ds$$

$$= \int_a^b f(x(t),\ y(t))\,\frac{ds}{dt}\,dt$$

複素平面の曲線 C を分割した

点 $z_0,\ z_1,\ z_2,\ \cdots,\ z_n$

を $|z_k - z_{k-1}| \to 0$ となるように点 z_k にとるとき、

$f(z)$ の複素積分の積分路 C を関数の定積分

$$\int_c f(z)dz = \lim_{n \to n_0} \sum_{k=1}^{n} f(z_k)(z_k - z_{k-1})$$

と定義する。

図4-33

この右側の式は213ページで見たような普通の定積分になるので、式の形によっては計算できます。

複素関数の積分

ここでようやく複素関数の積分について考えます。複素積分にも不定積分と定積分があります。このうち、不定積分については、実数関数の場合と同様です。つまり、微分すると $f(z)$ になるもとの関数を $f(z)$ の不定積分といいます。

一方、複素関数の定積分は、線積分の一種です。すなわち、複素数平面の曲線 C を分割した点 z_0、z_1、z_2…、z_n を、

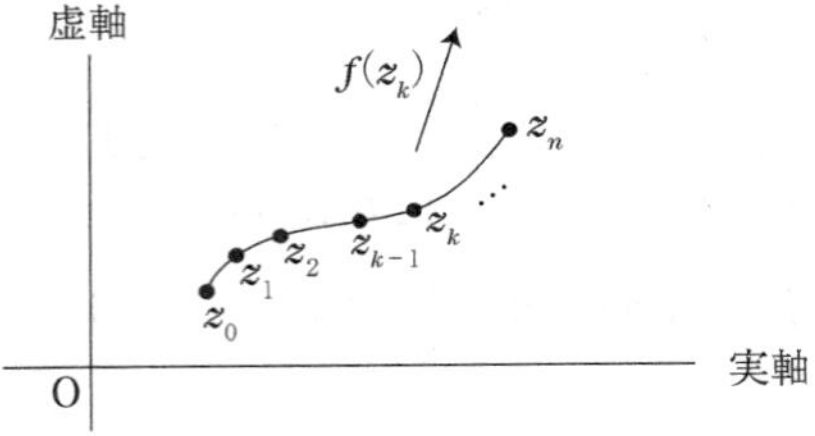

図4-34

$$|z_k - z_{k-1}| \to 0$$

となるように順にとるとき、$f(z)$の複素積分を、

$$\int_C f(z)\,dz = \lim_{n\to\infty}\sum_{k=1}^{n} f(z_k)(z_k - z_{k-1})$$

と定義します。

この複素積分の定義の式は、形だけ見ると実数の定積

分の場合とほとんど同じだといえます。

しかし、この複素積分の定義式の、

$$f(z_k)(z_k - z_{k-1})$$

は、複素数の差 $z_k - z_{k-1}$ に複素数 $f(z_k)$ をかけたもので、その値自体も複素数であり、もはや面積を表すものではありません。

このように、もともと定積分は面積を求めるために考えられたものだといえますが、複素積分になると、定積分はもはや面積とは関係がなくなるのです。

複素関数の不定積分と定積分

〈不定積分の求め方〉

実数関数の場合に簡単に不定積分が求められるようなものについては、複素関数についてもまったく同様に不定積分を求めることができます。図４－35に例を示しました。

（例）

●**整式**：$f(z)=z^2-3z+4$ の不定積分

$$\int f(z)\,dz=\frac{z^3}{3}-\frac{3z^3}{2}+4z$$

ただし、積分定数 C は省略してあります。

●**指数関数**：$f(z)=e^z$、$g(z)=e^{\pi iz}$ の不定積分

$$\int e^z\,dz=e^z$$

$$\int e^{\pi iz}\,dz=\frac{1}{\pi i}e^{\pi iz}$$

●**三角関数**：$f(z)=\cos z$、$f(z)=\sin z+i\cos z$ の不定積分

$$\int \cos z dz=\sin z$$

$$\int (\sin z+i\cos z)dz=-\cos z+i\sin z$$

図4-35

〈不定積分の利用と定積分の計算〉

また、不定積分を利用して定積分を計算する場合、図4-36のような積分経路の問題を解決しなければなりません。

すなわち、始点αと終点βが同じである2つの積分経路（曲線）C_1、C_2があるとき、それぞれの経路に沿った積分

$$\int_{C_1} f(z)\,dz \quad と \quad \int_{C_2} f(z)\,dz$$

が同じかどうかという問題です。

結論からいうと、$f(z)$が正則のときは、どちらの経路に沿った積分も同じになり（コーシーの積分定理）、その値は、実数関数の場合と同様に、不定積分を利用して計算をすることができます。つまり、

図4－37に記した式が成り立ちます。

　だとすると、複素積分というのは実数の場合の積分と何にも変わらないのではないかという疑問が出てきます。

　実は、不定積分が簡単に求められるような関数については、あえて複素積分を考えるまでもないのですが、問題は、もっと複雑な関数を扱う場合なのです。

複素関数の積分のいろいろな性質

〈実数部分・虚数部分と積分〉

　複素数を実数部分と虚数部分に分けて、

$$z = x + yi$$

$$f(z) = u(x,\ y) + v(x,\ y)i$$

であるものとします。このとき、複素積分を実数部分と虚数部分に分けて表すと、次のようになります。

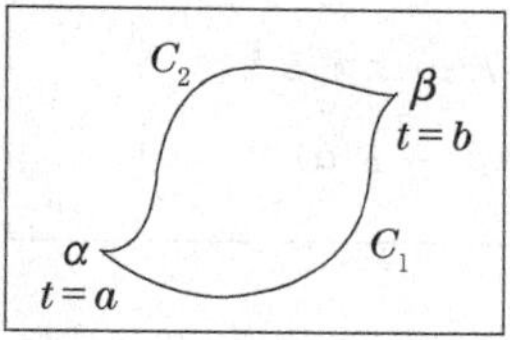

図4-36

正則関数$f(z)$の不定積分を$F(z)$とすると、

$$\int_C f(z)\,dz = [F(z)]_\alpha^\beta = F(\beta) - F(\alpha)$$

図4-37

この関係を使うと、

$$\int_C z\,dz$$

$$= \int_C (u + vi)\,dz$$

$$= \int_C (u + vi)(dx + idy)$$

$$= \int_C (udx - vdy) + i\int_C (vdx + udy)$$

> dzを$dx + idy$に置き換えます。
> 厳密ではないけど、感覚的には了解できると思います。

$$f(z) = x + y + xyi$$

のような形の式の積分も行うことができるようになります（ただし、$f(z)$

が正則関数でないときは、図4－37で取り上げたような不定積分を利用した計算はできないので、注意が必要）。

〈置換積分〉

複素積分は曲線Cに沿った線積分だから、この積分経路Cの式を1つの実数の変数tで表すことができるかもしれません。

そのようなときは、積分計算を置換積分によって求めることが考えられます。つまり、積分経路Cを、$z=z(t)$とすると、

$$\int_C f(z)\,dz = \int_a^b f(z(t))\,\frac{dz}{dt}\,dt$$

ただし、積分経路の始点を$z(a)$、終点を$z(b)$とします。

例を図4－38に示しました。その応用例として図4－38を解いてみましょう。

（問題） 点0と点$1+i$を結ぶ線分をCとして、$\int_C z^2 dz$を求めます。

（解き方①） Cを$z=(1+i)t \quad (0 \leqq t \leqq 1)$

端点では
$t=0$, $t=1$
のとき

と表すことができて、$\dfrac{dz}{dt}=1+i$

$$\int_C z^2 dz = \int_0^1 \{(1+i)t\}^2 (1+i)dt$$

$$= (1+i)^3 \left[\frac{t^3}{3}\right]_0^1 = \frac{(1+i)^3}{3}$$

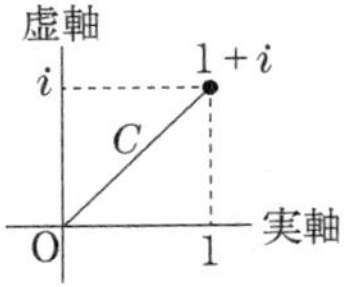

（解き方②） $\displaystyle\int_C z^2 dz = \left[\frac{z^3}{3}\right]_0^{1+i} = \frac{(1+i)^3}{3}$

図4-38

積分路についての表し方

いろいろな積分路の表し方について、みておきましょう。主に、積分路を分割する場合、線分、円周について表し方が重要なものです。

図4－39は積分路を求める問題です。積分路を求めたら、実際に図4－39の積分を計算しましょう。

コーシーの積分公式

最後に、複素数の積分について、不思議な公式が成り立っているのを紹介します。この公式をコーシーの積分公式といいます（図4－41）。証明は省略します。（式4－9）を（式4－10）に変形したら、積分を求めるのに、積分計算をやらないで、式の

（問題）次の曲線 C 上に点 z があるとき、変数 t で表せ。

（問1）原点 (0, 0) と点 $(1, 1+i)$ を結ぶ線分 C

（問2）原点O、半径1の円周上 C

（問3）中心 (1, 0)、半径 r の円周上 C

（問4）$|z|=1$ を満たす曲線 C

（問5）$|z-1|=2$ を満たす曲線 C

（答え1）右図より $y=(1+i)x$

$C=z=(1+i)t \quad (0 \leqq t \leqq 1)$

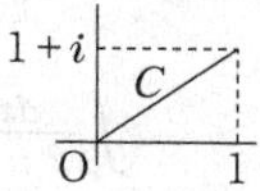

（答え2）C 上の点 $z(x, y) = (\cos t,\ i\sin t)$

$z=\cos t+i\sin t=e^{it}$

よって $z=e^{it}$

（答え3）C 上の点 $z(r\cos t+1,\ ir\sin x)$

$z=1+re^{it}$

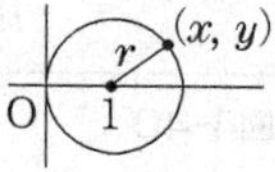

（答え4）中心 (0, 0)、半径1の円上だから

$z=e^{it}$

（答え5）中心 (1, 0)、半径2の円上だから

$z=1+2e^{it}$

図4-39

（問題）$\displaystyle\int_c \frac{1}{z-a}dz$、積分路が $C=|z-a|=r$ として積を求めよう。

（答え）積分路 C を中心点（a, 0）とする半径 r の円であるとして、C と点 z が

$z=a+re^{i\theta}$

よって $\dfrac{dz}{d\theta}=rie^{i\theta}$

$$\int_c \frac{dz}{z-a}=\int_c \frac{rie^{i\theta}}{-re^{i\theta}}d\theta$$

$$\int_c -id\theta$$

$$=-i[\theta]_0^{2\pi}=2\pi i$$

図4-40

コーシーの積分公式

関数 $f(z)$ が単一閉曲線Cとその内部を含む領域で正則であり、点 a をC内の点とするとき、次の式が成り立つ。

$$f(a)=\frac{1}{2\pi i}\int_c \frac{f(z)}{z-a}dz \qquad \text{（式4-9）}$$

（式4－9）より、

$$\int_c \frac{f(z)}{z-a}dz=2\pi i f(a) \qquad \text{（式4-10）}$$

図4-41

値$f(a)$を求めるといった摩訶不思議なことになってしまうのです。
まことに、複素数とは不思議な世界で、奥が深い！

文庫のおわりに

実は、私は、数年前に脳内出血で6ヶ月間入院しました。退院ののち、車いす生活を送っています。日々、時間がいっぱいありますから、これは逆転の発想、この機会を有効利用しなければと、拙《つたな》い作文のまねごとをすべくせっせとパソコンに向かい、300枚ほど進んだところでこのたびの文庫化の話が入りました。

単行本を出してから3年あまり、あらためて読み返してみましたところ、虚数の発見までは（第1章〜第3章）自分で言うのははばかられますが、なかなか面白いと思いました。問題は第4章でした。普通、複素数の実力を発揮するのは、電気回路など応用物理、微分方程式など応用数学であり、類書ではだいたいこのあたりを扱っています。

とはいえ、はなはだ勝手なのですが今の私にとって、この分野にあまり興味はありませんでした。しかも、この専門領域に踏み込むと、いたずらに難しくなってしまいます。この本を手にとる方は、そのような身近でないものを期待はしていないのではないか、と考えました。もっと専門分野にまで踏み込んだ詳しい理工書がほかにもありますから。

付け加えていえば、以前より、実関数と複素関数の違いをはっきりしたかったこともあり、応用物理の部分をバッサリ捨て、大幅に書き換えて、とりわけ実関数と複素関数の微分と積分の基本的なちがいをテーマにしました。

この文庫の構成がスッキリしたものになることをめざしました。

２０１７年３月

深川和久

本書は『ゼロからわかる虚数・複素数』（ベレ出版、２００９年刊）を加筆修正のうえ、文庫化したものです。
イラスト　クー／ＤＴＰ　フォレスト

【参考文献】

複素関数・虚数に関する基本的かつ発展学習に役に立つ図書のうち、入手しやすいものを挙げておく。

カジョリ『復刻版　カジョリ初等数学史』（共立出版社）
石井彰三監修『理工系のための解く！複素解析』（講談社）
堀場芳数『虚数 i の不思議』（講談社ブルーバックス）
森毅『現代の古典解析』（ちくま学芸文庫）
吉田信夫『虚数と複素数から見えてくるオイラーの発想』（技術評論社）
志賀浩二『複素数30講』（朝倉書店）
鷹尾洋保『複素数のはなし』（日科技連出版社）
示野信一『複素数とはなにか』（講談社ブルーバックス）
寺田文行、樋口禎一編『高校数学解法事典』（旺文社）

た

な

【索　引】

ゼロからわかる虚《きよ》数《すう》

深《ふか》川《がわ》和《やす》久《ひさ》

平成29年 4月25日　初版発行
令和6年 4月5日　3版発行

発行者●山下直久

発行●株式会社KADOKAWA
〒102-8177　東京都千代田区富士見2-13-3
電話　0570-002-301（ナビダイヤル）

角川文庫 20312

印刷所●株式会社KADOKAWA
製本所●株式会社KADOKAWA

表紙画●和田三造

ISBN978-4-04-105371-3　C0141

◆◇◇